科学与未来
院/士/科/普/丛/书

国家科学思想库
科学文化系列

运 动
地球的生命密码

翟明国 ◎ 主编

科学出版社
北 京

内 容 简 介

地球从诞生那一刻起就激情四射，充满活力。由内向外、从小到大，在各种时间和空间尺度上，地球永不停息地运动着，以独有的方式演绎着自己不平凡的一生。本书带我们去探寻：人类怎样一步步弄清地球内部结构？地球经历了怎样剧烈的诞生过程？岩石如何记录古老地球历史？沧海桑田是如何演进的？火热的岩浆和无处不在的流体如何形成丰富矿产？在阅读过程中，您将逐渐破译地球的生命密码。全书精彩展现了从未知、怀疑到科学探索的过程，有困惑，有惊喜，令人着迷。希望年轻一代接受挑战，继续探索地球的未解之谜。

本书融科学性、知识性、趣味性于一体，有益于培养科学兴趣、开阔思维视野、挖掘内在潜能，适合对科学、大自然和未来感兴趣的大众读者阅读。

图书在版编目（CIP）数据

运动：地球的生命密码/翟明国主编.—北京：科学出版社，2022.1
（科学与未来：院士科普丛书）
ISBN 978-7-03-069901-5

Ⅰ.①运… Ⅱ.①翟… Ⅲ.①地球演化-普及读物 Ⅳ.① P311-49

中国版本图书馆 CIP 数据核字（2021）第 199386 号

丛书策划：侯俊琳
责任编辑：朱萍萍 李 静 / 责任校对：贾伟娟
责任印制：李 彤 / 插画绘制：姚雯艳
封面设计：有道文化

科 学 出 版 社 出版
北京东黄城根北街 16 号
邮政编码：100717
http://www.sciencep.com
北京虎彩文化传播有限公司 印刷
科学出版社发行 各地新华书店经销

*

2022 年 1 月第 一 版 开本：720×1000 1/16
2023 年 6 月第三次印刷 印张：15 3/4
字数：210 000

定价：58.00 元

总　序

　　近代科学自诞生之日起，不仅持续地催生了令人炫目的技术，而且极大地改变了我们的生活方式。科学无疑是技术的源头，但却不能仅仅是为了发展技术而去从事科学研究。因为科学是人类智慧的结晶，是现代文明的代表，科学不仅提供了令人赏心悦目的审美价值，而且已经成为改造文化的巨大力量。作为理性精神的集中代表，近代科学的内在精神瓦解了众多在传统上由宗教、皇权、习惯与风俗所统治的诸多领域，不断地改变着人们的思维方式，并且取代它们成为思想和行动的指南。人们往往忽视了科学的这个更为重要的功能，即文化再造的功能。

　　我们不得不痛苦地承认，在我们的传统文化中，最缺乏的是理性精神和演绎逻辑学的方法，直到五四运动，先贤们力图请进"赛先生"和"德先生"。但是，按照杨振宁先生的说法，直到 1949 年中华人民共和国成立，近代科学才真正开始在中国这块土地上扎根。所幸的是，历史表明，作为现代文明的科学文化可以通过外部植入任何一种现存文化中，但这是需要长期的，在某些领域甚至是需要几十年乃至上百年的不懈努力方可实现。但是，若是没有改造文化的努力，就难以提升全民的科学素养。当然，在科学之内和之外的任何领域，只要研究者想达到精确、严密和系统的理论化的境界，那么科学精神和严密的逻辑思维就是不可或缺的。同时，大众的科学素养极其重要。因为，很难想象在大众科学素养很低的情况下，科学可以得到健康的发展。因此，科学教育和科学普及不仅仅是为了培养未来的科学家，更应该是作为一种文化来开展，要让科学文化植入中华文化，让科学知识作为强化科学精神和确立逻辑思维方法的载体。这项任务任重而道远。其中，科学普及则是连接科学与公众的桥梁，是训练科学思维、传播科学精神、普及科学方法的重要载体，从而促使大众树立求真、求实的作风和严密的逻辑求证思维方式；更能够激发读者的探索欲和好奇心，引发读者的思考；当然，它也将唤起年轻人对科学的兴趣，吸引他们投身科研实践。这是科学普及工作的要义。

当前，人类正经历百年未有之大变局，诸多技术的运用几近极致。就基础科学而言，诸多学科领域也正孕育着突破，因此催生的新一轮技术革命和产业变革蓄势待发。在此形势下，我国的科学与技术事业适逢巨大的发展机遇，也面临着严峻的挑战。与此同时，我国科普事业发展兼程并进，越来越多的公众体会到了科学的乐趣，触摸到了科学普及的温度。在科学发展日新月异、重大技术突破层出不穷之际，面对新时代的新需求，如何更有效地普及科学和前沿问题，传播科学精神、科学思想和科学方法，值得广大科技工作者关注和思考。

优秀的科普作品根植于科学研究的沃土之中，科普离不开科技工作者的主动作为和深度参与，科技工作者不仅要成为科学传播的开路者，更要成为全社会科学文化的坚守者。历史上享誉国际、影响一代又一代人的科普著作，比如达尔文的《物种起源》、法拉第的《蜡烛的故事》、爱因斯坦的《物理学的进化》、竺可桢的《向沙漠进军》、华罗庚的《统筹方法》等，都是科学大家结合自身科研实践所创作的与自身研究领域高度相关的作品。近年来，在国家科学技术进步奖、全国优秀科普作品奖等评选中脱颖而出的优秀科普作品，大多也是广大科学家从"科研"向"科普"的践行。

"科学与未来：院士科普丛书"正是在这样的时代背景下诞生的，它是由中国科学院学部科学普及与教育工作委员会策划，并号召组织各领域院士专家创作的。该丛书强调前沿引领、科学严谨和通俗易读，注重规范原创、思想价值和创新体验。总体有如下特点。

一是强调从"科研"向"科普"的转变，打通学术资源科普化"最后一公里"。而且，作者们将所述领域置于整个科学史的宏大背景之下予以考察，并特别注重与历史、哲学、思想、艺术和社会的结合。大多采用讲人物和故事的形式，增添阅读兴趣，进而逐步引导读者形成自己的思考。

二是强调科学精神的弘扬与引领，不再停留在简单的知识普及层面，而是以特定的科学知识为载体，激发公众的科学热情，弘扬科学精神，倡导培养逻辑思维，树立基于科学的价值观，从而形成有别于互联网内容的具有独特价值的图书内容。

三是强调科普主阵地由实用技能科普向科学素养科普的转变，也就是从实用技术普及向对科学本身理解的转变，激发读者自己去探索科学知识的兴趣，引导读者建立自己的科学价值观。

2018 年 5 月，习近平总书记在两院院士大会上强调："当科学家是无数中国孩子的梦想，我们要让科技工作成为富有吸引力的工作、成为孩子们尊崇向往的职业，给孩子们的梦想插上科技的翅膀，让未来祖国的科技天地群英荟萃，让未来科学的浩瀚星空群星闪耀！"[①]

"科学与未来：院士科普丛书"的创作和出版是一次顺应时代发展潮流的实践探索，不仅希望更好地传播传统科学知识，更希望将科学知识、

---

① 参见习近平总书记 2018 年 5 月 28 日在中国科学院第十九次院士大会、中国工程院第十四次院士大会上的讲话。

科学精神、科学思想和科学方法内化为公众的信念、思维、行为与习惯，希望将"永远好奇、敢于质疑、探求真理、勇于创新"的科学精神在中华民族心灵深处落地生根，希望不断吸引一代代年轻人走进科学、奋勇向前，为建设世界科技强国、实现中华民族伟大复兴而努力！

中国科学院学部科学普及与教育工作委员会主任

中国科学院院士

前　言

在面朝大海感受春暖花开的时候，在仰望星空思索日月之行的时候，在跋山涉水感叹生命脆弱的时候，你可曾有过瞬间好奇脚下的地球在这悠远寥廓的时空中的命运——它从何处来，又归于何处，遭遇了什么，发生了什么变化，留下了什么，又将带走什么？本书就是专门献给你的，献给还有着好奇心的、热爱地球、关爱家园的你。

这是一本不太一样的地球科普书。它从头到尾都在讲述地球的"动"，讲我们的地球是活泼、充满生命力的，而且是跨越时空的，从里到外、从古到今、生生不息地运动着的。这不是一本单纯讲述知识的书籍，更多的是通过讲故事或场景再现的方式，让你去了解每个发现背后的契机和原因，和历史上的学者们零距离对话，身临其境地去领会科学发现过程中曲径通幽和拨云见日的快乐。读懂它，你不需要有很高的学历，只需要有十分之一孩童般的好奇心和想象力，然后会心一笑即可。

这是一个由六个时空穿梭的章节构成的地球演化大舞台。第一章，你将被赋予遁地八千里的本领，驾驭地震波这一高速专列来趟从地表到地核的旅行，逐层揭秘地球深不可测的内部，在路过的驿站中各国大咖们会兴奋地和你分享侦破地核地幔的线索；第二章，你会搭载时光机器回到地球诞生的最初年，也就是 46 亿年前，微缩成太阳系里一个小小的原子经历一场惊心动魄的大撞击事件，从涌动的岩浆洋里解密地磁场神秘的能量来源；第三章，你会身临其境般体验地球的幼年时期、青年时期和壮年时期不同的历程，经历氧气的突然出现、冰盖包裹的地球和生命的大爆发等一系列传奇事件；第四章会带你去 20 世纪地球科学最热闹的领地，追寻板块构造的来龙去脉，从拼图中感知的大陆漂移，到磁异常条带证明的海底扩张，再到大陆生与死的旋回，探索地球"美景层层出、奇峰高万丈"的原因；第五章将带你去倾听地球表面最常见的岩石背后的故事，亲历岩浆桀骜不驯的一生，追寻它们率性塑造和改变地球表面、恣意创造矿物资源的足迹；第六章将把镜头切换到地球内部脉络中始终运移着的"流体"，从特写的角度讲述地球中水的存在和作用、地球内部"隐藏的海洋"之谜、碳的行踪，以及流体与生命和人类文明兴衰的关系。各章内容既相互关联又相对独立，不需顺序阅读。

"科技创新和科学普及是实现创新发展的两翼"[1]，这本科普书正是应着这句话而诞生的。本书由中国科学院地质与地球物理研究所的翟明国院士领衔牵头，南京大学倪培教授统筹执行，其间有过多次对稿件内容的热烈讨论。六章分别由李娟（第一章），张毅刚（第二章），彭澎、张志越和翟明国（第三章），肖文交、李睿、张继恩和宋帅华（第四章），范宏瑞、胡换龙、刘双良和佘海东（第五章），倪培、陈莉莉和王璐璐（第六章）执笔。各章内容和谐统一，却又风格各异。有时诙谐幽默、语言风趣，让你忍俊不禁；有时深入浅出、环环相扣，让你烧脑的同时又欲罢不能；有时仿佛置身交响乐中，起伏跌宕，气势磅礴；有时错落有致，娓娓道来，仿佛在聆听远古的故事；有时别具匠心，集科研感悟于一体，高屋建瓴……书中的很多精彩片段都是科学家们从大量参考文献背后挖掘出来的，其间也不乏对地球前沿科学问题的讨论，虽然尚无定论，却正凸显了科学探索的迷人之处。

---

[1] 参见习近平总书记 2018 年 5 月 28 日在中国科学院第十九次院士大会、中国工程院第十四次院士大会上的讲话。

在完成书稿的过程中，要特别感谢祝禧艳副研究员的辛勤付出，以及科学出版社科学人文分社侯俊琳社长和朱萍萍编辑的鞭策和鼓励。

愿本书在这个每天都有几十万亿吉字节（GB）数据产生的年代，带给你一丝别样清凉的风，让你能够了解并熟悉地球的秉性，读懂地球活力的密码，为了一个"不被流浪"的地球梦，为了一个蓝色持久的星球梦而敬畏并爱上我们的地球！

翟明国　李　娟

2020 年 3 月

目　录

地球内部结构大探秘

第一章

这是一个深达 6400 千米、充满活力的世界，那里是什么样的？由什么物质构成？有着怎样不同的特性？和我一起"骑上"神奇的地震波去地下探秘吧……

一、序曲：地球科学舞台
——已知和未知的

故事得从 18 世纪开始讲起。不管那个苹果砸脑袋的故事是真是假，艾萨克·牛顿（Isaac Newton）实实在在提出了著名的、几乎可以解释任何宏观现象的牛顿运动定律。此后，科学列车便驶上了加速轨道，发展日新月异。这辆列车有些背离"万能上帝"的旨意，又将人们对时间、宇宙、物质的认识带出了上帝的掌控，飞快地驶入集宏观和微观、短瞬和永恒于一体的"时光长河"、"寥廓空宇"和"微粒世界"中去。由此，人类科学史上也诞生了迄今最热闹、壮观、戏剧化的时代。如果非要用一个词来形容，我找不出比"缤纷跌宕"更贴切的词语了。

这出精彩热闹的剧目中当然少不了探秘地球家园的故事。人们很早就产生了一种强烈的了解地球的欲望，想要知道地球的体积有多大、年龄有多大，悬在宇宙的哪个地方、是怎样形成的（这个问题至今悬而未决）。于是，人们开始了一轮轮的对地球的测量工作。首先是测量 1 度经线的长度。牛顿三大运动定律完美地阐释了生活中的诸多现象，像潮水的涨落、抛射物体的轨迹、行星的运动乃至星体的预言（像海王星），以及地球高速旋转但我们依然固着在地球表面等。它还明确指出，地球必然不是一个规则的球体，而是在离心力的影响下呈现为赤道突起、两极略扁的椭球体。因此 1 度经线的长度在两极最长，而在赤道最短。这吸引了欧洲（主要是英国、法国）诸多数学家、天文学家，不辞辛苦、远涉万里，凭借坚定的意志和不灭的激情给出了 1 度经线的长度约为 110.72 千米、110.46 千米等测量结果。于是，地球的大小终于有了着落。

科学家们奔赴全球多个地点试图观测金星凌日现象，想利用三角测绘法来计算地球到太阳的距离。金星凌日现象的发生并不规律，有时 8 年发生一次，有时在一个世纪里都不会出现。继续凭借着顽强的毅力和吃苦的精神（那个时候可是要真的跋山涉水），直至 18 世纪 60 年代，欧洲学者们终于确切计算得出地球到太阳的平均距离大约为 1.5 亿千米，也就是天文学上的一个日地距离（1 AU），和现代测量的准确数值 1.495 978 706 91 亿千米相差无几。于是，地球在太空中终于有了确切的位置。

对地球比重的测量要归功于英国科学家亨利·卡文迪许（Henry Cavendish）。他利用由重物、砝码、摆锤、轴和扭转钢丝组成的仪器测量了引力常数，并计算出地球的质量为 6×10^{21} 吨。目前对地球质量的准确估值为 $5.972\ 5 \times 10^{21}$ 吨。于是，地球有了质量，平均密度值为 5.5 克/厘米^3。到了 18 世纪末，科学家们已经确切知道地球的形状、大小，以及地球到太阳和各个行星的距离。

至于"地球的年龄"这个有关时间的问题从人们发现史前化石起就一直很是扑朔迷离。在苏格兰的山顶上经常会发现古代的蛤蜊壳和一些海洋生物化石。为了解释这一令人困惑的现象，"水成论"者和"火成论"者粉墨登场。"水成论"以《圣经》（Bible）中提到的洪水为根源，认为地球上的一切都可以用海平面的升高和降低来解释，山脉、丘陵等所见到的地貌和地球本身一样古老，只是在洪水时期被水冲刷的过程中发生了一些变化。而站在"火成论"一侧的詹姆斯·赫顿（James Huton）提出了另外一套不同寻常的"均变论"观点。在 1795 年出版的论著《地球的理论》(*Theory of the Earth*)中，他论述到存在某种过程，某种形式的更新和隆起，创造了新的丘陵和大山，如此不停地循环往复，而山顶上的海洋生物化石不是"水成论"中所提出的发洪水期间沉积的，而是跟大山本身一起隆升起来的。他明确提出"现在是过去的钥匙"这一重要的地质学思想——一个胆大而又颠覆性的见解，足以改变我们对这颗行星的认识。赫顿就这样开辟了"地质科学"(图 1-1)。

到 19 世纪中叶，多数学者接受了地球年龄比较古老，起码有几百万年，也许是几千万年的说法，但究竟有多老，并没有令人信服的说法，反正不是《圣经》中所明确给出的"地球创造于公元前 4004 年 10 月的某一天"。1859 年，查尔斯·罗伯特·达尔文(Charles Robert Dawin)在《物种起源》(*On the Origin of Species*)一书中宣布，根据他的计算，地球至少有 3 亿年的历史；1860 年，约翰·菲利普斯(John Phillips)根据沉积速度和累计的地层厚度首次给出了比较严肃的估计，认为地球的年龄为 9600 万年；开尔文勋爵(Lord Kelvin)也介入这一颇有争议的问题中来，假定地球是热的熔融球体冷却而来，计算得到地球的年龄为 9800 万年，最大可能为 4 亿年，几年后又更正为 2400 万年。这些数字的更改并非随心所欲，而的确是因为——那个年代的物理学家们实在无法理解为什么像太阳这么个庞然大物可以不间断燃烧几千万年以上而没有耗尽它的燃料。因此科学家们只能想当然地认为太阳及其行星势必相对年轻，而这些推测与几乎所有的地质化石资料都相互矛盾。

20 世纪的曙光解开了开尔文勋爵的困惑。物理学界放射性元素的不断揭秘，终于让人们意识到地球内部额外的热量就源自地球内部的放射性元素。当开尔文勋爵听到欧内斯特·卢瑟福(Ernest Rutherford)对放射现象的郑重宣讲时，他欣然明白了地球的年龄远比以前的估计要古老得多。当然，人类首次正确给出地球的年龄约为 46 亿年也是几十年之后的事了。

图 1-1 "地质科学"的诞生

"水成论""火成论"等粉墨登场，赫顿提出"现在是过去的钥匙"的
重要地质学思想

一方面，力学、声学、光学、热学、电动力学、统计力学不断发展和完备，元素的性质、电子和质子的排布、X 射线甚至放射现象的研究取得重要进展，人类对物理规律的认知有了爆炸性的提升。再到后来量子力学、相对论的提出，盘旋在物理天空中的乌云时而消散，时而聚首重来，上演了一出出惊心动魄的情景剧。另一方面，科学家们对人类的家园——赖以生存的地球的了解除了上面几个数字外，恐怕也不比一个矿工更多些什么了。即便是地表高山的形成，也足以让大家争论得面红耳赤，更别提地球内部的结构、物质构成和可能的动态过程了（图 1-2）。

是时候启用通往地球内部的钥匙了，您将看到一个活力四射、非同寻常的地球，它由内向外、从大到小，在各个时空尺度上永不停息地运动着，以独特的方式诠释着她不平凡的诞生，也顺便滋养了我们，这群渺小但顽强的生命体……

二、开篇：探测地球内部结构的利器 ——地震波

（一）里斯本地震

从人类诞生以来就一直没有停止过对地球的好奇和探究，包括地球的形状、质量、密度、运动轨迹，甚至地球内部的结构和物质组成等。但对地球认识的实质进展却发生在 19 世纪之后，对地震现象的研究成了一道重要的分水岭。毫不夸张地说，地震是照亮地球内部的明灯。正是对这些持续"照射"地球内部的地震波信号的逐一揭秘，20 世纪人们对地球特别是看不到摸不着的地球深部的认知水平才得以迅猛提升。

历史上也有着不可胜数的地震，或有文字记载或连蛛丝马迹都未曾留下。这里要提及的 1755 年里斯本地震无疑是一个从任何角度来看都无法

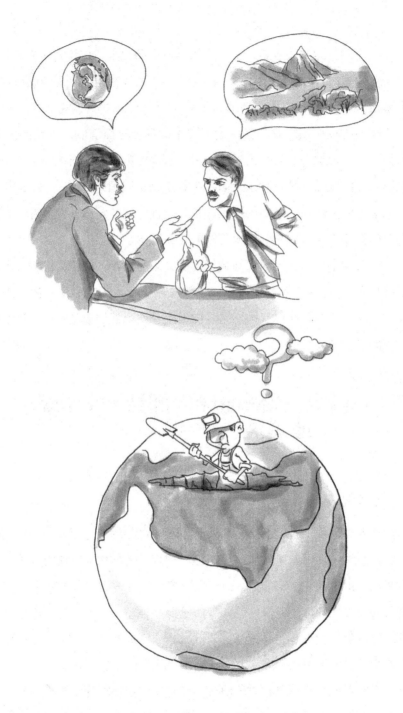

图 1-2　对地球家园的探索

绕开的重大地震事件。它的发生像是一个转折点，宛若"最后的那根稻草"，彻底动摇了存在上千年的"神创论"观点，促使人们以崭新、客观、科学的视角审视地震这种自然灾害。

让我们穿越到 18 世纪中叶的欧洲——当时的政治、经济、文化中心地域，想象一幕"车水马龙、人稠物穰、富庶繁华"的景象。位于伊比利亚半岛上的葡萄牙，国土面积虽小，却在当时享有举足轻重的政治、经济、文化地位，其首都——里斯本更是以 27.5 万人口堪称当时欧洲的文明、美丽、富裕之都；在里斯本港口，总是可以看到大大小小的船只满载着来自英国、荷兰和德意志地区的货物……

1755 年 11 月 1 日，一场灾难性地震袭击了里斯本。地震发生在基督教节日——"诸圣日"的早上。那天，人们像往常一样陆续来到教堂，点上蜡烛和油灯，开始"诸圣瞻礼"的仪式。早上 9 点 40 分左右，教堂里的人们突然注意到枝型吊灯摇晃，并开始站立不稳；随即"整个城市强烈摇晃，高高的房顶像麦浪在微风中波动，接着是强烈的晃动，许多大建筑物的门面瀑布似的落到街道上，留下荒芜的碎石成为被坠落瓦砾击死者的坟墓……"现代研究指出这次地震持续了 3.5～6 分钟，市中心出现了一条约 5 米宽的巨大裂缝（图 1-3）。

里斯本地震是迄今欧洲最大的地震，也是人类历史上破坏性最大和死伤人数最多的地震之一。震中位置在距里斯本城几十千米的大西洋海底。地震给里斯本城造成极其严重的破坏，死亡 6 万～10 万人（平均 3～4 个人中就有一人遇难）。地震引发了大西洋的巨大海啸，海啸浪高近三十米，多次袭击里斯本海岸。正如伏尔泰（Voltaire）在小说《老实人》（*Candide*）中所描写的，"汹涌的波涛扑进港口，打碎了所有停泊的船只"，淹死了毫无准备的百姓，淹没了城市低洼处；海啸还使英国、北非和荷兰的海岸遭受损害，甚至在 1 万千米之外的中美洲也观测到相当高的波浪。教堂和私人住宅起火，分散的火势很快汇聚为特大火灾，整

图 1-3　里斯本地震

整肆虐了 3 天，将地震中幸存的残垣断壁烧为灰烬，"火焰和灰烬盖住了大街小巷"；诸多珍贵的资料、图书典籍、王室艺术品，甚至著名航海家瓦斯科·达·伽马（Vasco da Gama）记录的详细航海日志都在大火中付之一炬。如今，里斯本仍原样保留着地震后嘉模修院（即为修道院）的遗址，提醒世人不要忘记这场历史大灾难。

里斯本地震使葡萄牙的国力严重下降，老牌殖民帝国从此衰落。不仅如此，这个富足都市中基督教艺术和文明的破坏，触动了宗教"神创论"的信念，一些有识之士开始重新思考灾害在自然界中的影响和地震的起因，欧洲的地震研究开始从宗教的束缚中解放出来。

里斯本地震是现代"地震学之父"——英国工程师约翰·米切尔（John Michell）灵感的主要源泉。1760 年，虽然他对地震成因还没有得到正确的认识，但他那时写的有关地震的研究报告中已经试图用牛顿力学原理讨论地震动，请注意是开始用完全科学、客观的方法分析大地的震动。他从"神创论"中逐步跳出，转而相信"地震是地表以下几千米岩体移动引起的波动"。

这次地震到底有多大？地质学家估计这次地震的规模达到里氏 8.5 级。它造成的影响波及西班牙、英国、荷兰、德国等欧洲众多国家，首次被大范围地作为一种自然现象进行科学研究，标志着现代地震学的诞生。

（二）地震源于地球内部

"地震源于地球内部"——看起来多么简单而平淡的一句描述，但人们认清这点却经历了漫长的过程。

1. 神话/宗教阶段的认识

纵观科学发展历史，人类对很多自然现象的认识都不是一帆风顺的，地震也是这样。不同时代的人们根据自己的理解力和社会背景，构筑了各种各样的模型来解释地震这种奇特的现象。中世纪之前，人们认为地震是上帝或某种其他超自然力量对人类行为不端而施加的一种惩罚。像在古代的日本，人们认为地震的发生是地下的鲶鱼翻身而致，鲶鱼的一个"咯噔"就可以让大地为之震颤；在古代的印度，人们构建了一个"大象模型"，认为地震是大象发怒而产生的；北美洲的印第安人用乌龟的扭动来解释地震；古时候的中国则利用抽象的阴阳模型来解释，认为地震是由"阴"和"阳"失调而导致的。

古希腊学者，更确切地说是哲学家，喜欢以机械的观点（mechanics explanation）来阐释地震。哲学家泰利斯（Thales，约公元前580年）认为地球飘浮在一个浩瀚的大洋上，大洋的风浪袭击着大陆引起振动。哲学家阿那克萨戈拉斯（Anaxagoras）认为地下洞穴中的风是地震的成因。亚里士多德（Aristotle，公元前340年）发现某些地震与火山喷发有关，由于火山爆发时常会有大量气体猛烈喷出，因而合乎逻辑地假设地震是这种气体在地下洞穴间不断扩展、迁移的结果。也有的学者认为，火山喷发后，洞穴顶部的塌陷造成地震震动。

到了17世纪，已经出现了诸多关于地震效应的描述，其中有些是被夸大或歪曲了的，当时也认识到地表位移是地震的一种效应，但还没有将它与产生这种震动的原因联系起来。英国学者罗伯特·胡克（Robert Hooke）在1668年发表的《论地震》（*Discourse on Earthquakes*）和随后的一些论文中指出：陆地的隆起与下沉是一种显著的地震效应。本杰明·富兰克林（Benjamin Franklin）于1737年也对地面出现的狭长裂缝和峡谷做过评述。直到18世纪中叶，能够以朴素唯物观认识自然现象的人们还把地下风和地下爆炸认为是地震的首要成因。

直至1755年里斯本地震的发生……

2. 觉醒的认知

那时的欧洲是教会的天下，耶稣会有着绝对的话语权。里斯本地震发生后，耶稣会元老加布里埃尔·马拉格里达（Gabriel Malagrida）宣称"这是上帝对葡萄牙的警告"。他甚至认为震后重建工作也是"违背上帝旨意，会招致更大的灾难"。这严重阻滞了震后重建工作及葡萄牙经济的复兴，极大地激起了包括国王在内的政界要人对教会的愤怒，也埋下了耶稣会教权开始被欧洲各国狠狠打压的伏笔。

1760年，约翰·米切尔，也就是前面说到的现代"地震学之父"，首次提出地震波是源于地球内部的弹性波这一观点。因为这句对地震波的精辟、准确的定性，他的名字在其后一个半世纪里不断被人们提到。需要指出的是，他对地震的性质给出了恰当的描述，但对地震波来自何处的认识仍不正确，他仍然认为地震波是由蒸汽产生的，沿地层之间的界面传播，使得上覆岩石发生隆起。事实上，米切尔还有项了不起的成就——他自己设计、制作了一台用于测量地球质量的仪器。但遗憾的是，他未能亲自完成这项试验就过世了，研制的仪器则被辗转传与了卡文迪许，这才有了后来关于引力常数和地球质量的一系列精彩故事。

到了19世纪，人们开始注意到地震引发的一些地表现象，逐步积累了一些有关地表断层的观测资料。人们发现地震之后会形成高达数米的山崖，地表会产生狭长的裂缝：1819年的印度卡奇沼泽地（Rann of Cutch in India）地震，形成高达3～6米的安拉大坝；1857年的加利福尼亚蒂洪堡（Fort Tejon，California）地震则产生了一条长达110千米的水平错动；加利福尼亚欧文斯谷（Owens Valley）地震产生了高达7米的垂直山崖。通过当地出版的报告和报道，这些实地观测现象逐渐被人们所了解。随着这些事实的广泛传播和在大范围内的认知，人们对地震机理的认识逐步发生变化，从风成、气源等逐渐向实地观察到的岩层错断理论逼近。

3. 现代认识——地震断层说的提出和确立

地震的"弹性回跳说"（Elastic Rebound Theory of Earthquake），也称地震"断层说"是由 G.K. 吉尔伯特（G.K. Gilbert）和哈里·里德（Harry Reid）基于 1906 年旧金山大地震之后的实地观测提出的。他们明确指出地震是地下断层突然滑动的结果。通俗说来，就是地下岩石的状态并非一成不变，在周围力的作用下，岩石长时间发生形变，当这种形变超出了岩石的承受强度时，岩石便只有通过突然间的"咔嚓"错动来缓解和释放积聚起来的能量，于是产生了地震。这就和用力掰断一把尺子一样，最终发生了不可恢复的形变，而累积的应力终得以释放（图 1-4）。

事实上，早在 1883 年，吉尔伯特就在《盐湖市讲坛报》（*Salt Lake City Tribune*）发表的一篇短文中提出了地震成因的断层理论，对那个城市面临地震危险提出了警告。1891 年，日本发生美浓-尾张（Mino-Owari）地震，Bunjiro Koto 等在地震发生后立即进行了研究，在研究报告中明确描述了一条长度为 110 千米、垂直位移为 6 米的断层，并提出了断层作用至少是这次地震基本成因的观点。

随着地震后观测证据的逐步积累和广泛传播，这种看法逐渐获得了认可。直到 1906 年 4 月 18 日，加利福尼亚州旧金山地区发生了 7.0 地震。这场地震中的死亡人数不多，但震后的大火漫延数天，烧掉了城市的大部分地区。旧金山地震事件被列为经典教科书必讲内容，原因有二：①该地区没有火山活动，所以对地震成因的认识没有沿着古希腊有关"地下爆炸、火山激发"的思路延伸；②这个地区已经有了详细的实地调查，布设有作为测量距离和高程所用的标志，为震后形变测量打下了良好的基础（这样看起来，第一手资料是很重要的）。

地震后专门成立了州地震调查委员会，由加利福尼亚大学的安德鲁·劳森（Andrew Lawson）教授任主席，C.F. 里克特（C.F. Richter）则是由加利福尼亚州州长任命的委员会成员之一。调查报告表明，强烈的地

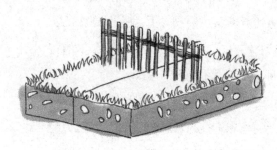

（a）原始位置

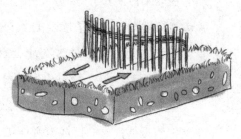

（b）形变在不断积累中

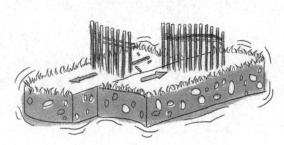

（c）岩石形变积累到一定程度产生错断，释放出大量能量，地震就发生了

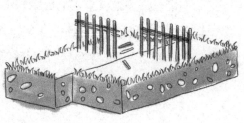

（d）岩石恢复到最初未变形的状态

图 1-4　地震过程中的"弹性回跳"

面晃动是由圣安德列斯大断层（San Andres fault）突然错断产生的。它是一条位于岩石中的破裂带，刚好从金门海峡西边经过。里克特明确指出，地壳在以某种未知方式施加的应力作用下发生弹性弯曲，当岩石达到破碎强度时，地壳沿着旧的脆弱的圣安德列斯断层线断裂，并且弹回到新的位置，最终的突然位移是这次地震震动的来源。这一看法其实与吉尔伯特1883年的看法一样，但是里克特解释的更量化和详细一些。

里克特的弹性回跳概念之所以特别重要，是因为它提出了一种构想。在这种构想下，人们把地震看作更大的地球形变过程的一个部分。里克特采用他的理论，根据扰动地区的大小和岩石破碎所需的应力，估计了地震释放出的能量。现在人们可以利用地震提供的标度，以断层位移量来度量地壳块体彼此间的相对运动速率。但仅是在里克特提出弹性回跳概念之后，人们才有可能通过观测到的断层位移速率来估计山脉隆起和大陆漂移的快慢（它们分别是垂直和水平两个方向上的）。

经过许多地震事实的检验和现场实地考察，地震断层说在很多方面可以解释与地震并生的各种现象，如地震在各个不同方向上分布的能量不同，以及震源的"沙滩球"图解等。因此，它已逐渐被地震学家们接受，成为当今最为普遍接受的地震波起源的理论。

（三）地震仪器的诞生

要探测地球内部的秘密，必须具备几个条件。首先，得有一种有效的信息载体，它可以在深达数千千米的地球内部恣意穿梭，地震波是当仁不让的首选。其次，要有一种能够记录、捕捉这种信息的仪器，这就是地震仪。地震通常发生在地下几千米、几十千米甚至几百千米的深处。在这样的深度范围，无法打个深洞在地下布设仪器直接进行观测。幸运的是，地震会释放出大量地震波，积聚在岩体里的能量经过周围介质，以地震波传播和扩散的方式来到地面，引发地表的振动。因此，只要在地表选择合适的地点布设地震仪，就可以想方设法地从这些地动信号中找出有价值的信息。

1. 最早的地动仪

世界上最早的记录地表振动的仪器诞生在我国。公元132年，东汉张衡发明了候风地动仪，它"以精铜铸成，员径八尺……如有地动，尊则振龙，机发吐丸，而蟾蜍衔之。振声激扬，伺者因此觉知。虽一龙发机，而七首不动，寻其方面，乃知震之所在。"它能够检测到地震的到来，能指示地震波产生和传播的方向，更是一种严格意义上的"验震仪"，但却不是现代意义上的地震仪。至少表明早在那个时候，我们的祖先就已经懂得地震动是从远处某一方向上传播而来的地面运动。这一对地震实质性的认识至少比欧洲类似的看法要早1500年（还记得现代"地震学之父"米切尔对地震动的认识吗？那可是1760年左右的事情）。遗憾的是，候风地动仪这种精巧的仪器失传了，详细的内部机制也没有被记录下来，我们在博物馆中看到的都是复制品和推断品。

2. 现代地震仪的诞生

验震仪可以指明地震的发生。18世纪以来，欧洲陆续出现了不同类型的验震仪，有用水银的流动、水银的形变做指示的，后又出现了"摆"式验震器。而能记录时间和地面运动的真正意义上地震仪的出现则是19世纪后半叶的事情了。它既能记录仪器摆放地点处的振动情况，也能同时给出发生的时间。记录的信息具有时间和空间变化两个要素。这种地震仪的原理很是简单，是"惯性定律"和"弹性定律"的综合应用，弹簧和摆垂是其中两个基本、重要的原件。

（1）第一台"惯性地震仪"

1875年，第一台真正意义上的地震仪由意大利的Fulippo Cecchi研制出来。地震仪采用两个单摆来测量水平向运动，用弹簧悬挂的重物来记录垂直运动，但它的放大率太小，只能记录到当地发生的强地震。

（2）首台记录来自远方地震的地震仪

很快就有了对既有地震仪的改进。最成功的当属德国物理学家恩斯特·冯·雷博伊尔-帕斯维茨（Ernst von Rebeur-Paschwitz）于 1884 年制造的倾斜仪，在德国波茨坦地球科学中心就放置了这么一台。1889 年，帕斯维茨发现德国波茨坦地球科学中心的地震仪记录到一种奇特的信号（图1-5），信号到达时间与东京发生的破坏性地震时间相当吻合（东京地震的时间来自滞后许久的媒体报道）。吃惊之余，他准确推断德国波茨坦地球科学中心的地震仪记录到的信号是一种地震波，波的扰动来自万里之遥的东京地震。这次识别是现在称为"遥感"的最早例证。这表明，无论地震发生在地球的哪个角落，是居住区还是无人区，大洋底部还是地下数百千米，都可以用类似的方法监测到。对地震活动的监测和检测从此摆脱了"空间距离"的限制，成功转型为不受限制的"全球监测"，地震和地质学研究的新时代宣告开始。

图 1-5　1889 年位于德国波茨坦地球科学中心的地震仪记录到第一个远场地震波形记录，标志着地震"遥感"时代的到来

事实上，英国工程师约翰·米尔恩（John Milne）在 1883 年就预测过"在地球的任何一点，只要借助于适当仪器，就有可能记录到全球发生的所有大地震"。6 年后，该预言毫无悬念地被波茨坦远场地震波记录证实。

（3）地震仪中的"巨无霸"

德国科学家埃米尔·维歇特（Emil Wiechert）于 1898 年引进了阻尼

思想。摆在初始运动开始后容易继续振荡，阻尼的引入可以有力阻止这种后续振荡，这是地震仪设计方面的一项重要进展。此外，他还设计了利用极大质量和机械记录的水平向倒立摆地震仪，可以实现1500多倍的放大率。这种最早的维歇特地震仪，是机械放大地震仪家族中最具代表性的一类，仅它的摆垂就重17吨，约有4头成年大象那么重，需要用整整一间大房子来放置它，堪称地震仪中的"巨无霸"。维歇特地震仪的特性是地震信号频谱较宽，能相对准确地再现地面运动。

3. 地震观测台网的开始

1892年，约翰·米尔恩教授在日本研制出一种新的机械地震仪。因为这种地震仪操作简单且轻便，逐渐被安放在世界上的许多地方。几年后，他返回英国，开始组建第一个全球地震台网，在英国大不列颠岛安置了10个地震台站，在世界上其他地区则安置了30个台站，这数十个地震台站便构成全球地震观测网络的雏形。

4. 从模拟地震仪到数字地震仪

从19世纪末出现的第一台近代意义上的地震仪开始，一百多年过去了，地震仪也由过去的庞大笨重、放大倍率低的模拟地震仪演变为今天轻便、易于携带、高分辨率、大动态范围的现代数字地震仪。

地震仪一般可以记录到1纳米大小的地表振动，相当于一根头发丝直径千分之一宽的振动。一开始，人们借助机械方法或者光杠杆方法放大相对运动。20世纪40～50年代，地震监测中引入电子技术，摆的相对运动产生一个电信号，把电信号放大几万、几十万甚至几百万倍，然后驱动电针记录到敏感的记录纸上，就可以监视到更小的地震活动。这是地震仪发展历史上的第二个阶段——电子放大地震仪阶段。无论是机械式还是电子放大式地震仪，它们都是以模拟方式记录地动信号的。

20世纪70年代以后数字地震仪的问世标志着人类进入地震监测的新

时代。称其为"数字"主要用以区别传统的"模拟"方式。我们说话的声音是模拟信号,小提琴拉出的旋律也是模拟信号。模拟就是模仿真实的波动特性来"表达"或记录波。数字记录则是利用现代电子技术,将地动信号数字化成二进制码方式直接输入计算机中进行数据处理。

采用数字化地震观测系统获取数字化地震波波形数据,给地震监测、大地震速报、地震应急,以及地震和地球物理科学研究带来极大好处。数字地震仪记录的波形包含了震源和地球介质更丰富、全面和真实的信息。由于能记录下地动的不同频率成分,等于用一台地震仪就可以完成原来的短周期地震仪、长周期地震仪、中长周期地震仪等组合完成的任务。它还可以"聪明"地根据地面振动幅度大小"自动"调节放大倍率。这样一台仪器既可以记录下地面的微弱颤动,也可以记录下山摇地动时的高强度震撼,而不会再有过去那种开大收音机音量出现音质变差的情况。这就解决了信号的失真畸变问题,大大提高了地震仪器的动态范围。另外,它便于与计算机连接直接进行数据处理,通过自动处理和人机交互处理,能从地震记录中快速读取数据,并进行地震震源位置和震级大小的测定。在地震发生以后,对震中位置、震源深度、发震时间和震级大小及破裂过程的迅速测定,为采取大地震应急对策、进行抗震救灾争取了宝贵的时间。因此,数字地震仪受到地震学界的普遍欢迎,成为地震学家们研究地震波、地球内部结构和地震本身的重要工具。

5. 全球地震台网——无形的眼睛

目前,全球地震监测网络(Global Seismographic Network,GSN)由分布在全球的 150 多个地震台站组成,遍布各大洲和海洋地区。最初是为了监测核爆炸试验、推测核爆研发的程度,现在已成为监测各种天然地震活动或人为事件,了解地震震源、地球内部结构的重要信息源。全球任何一个角落发生的破坏性地震都无法逃脱地震台网无形的"眼睛"。

我国自 1983 年 5 月始建设中国数字地震台网（CDSN），现在已建成 152 个国家数字地震台站。这些台站由甚宽或者超宽频带观测系统构成，除青藏高原部分地区外，全国大部分地区的国家数字地震台站间距可以达到 250 千米。2007 年以来，我国还建成约 800 个区域数字地震台站，采集的地震数据汇集到中国地震台网中心，为地震活动监测、地震定位、地震速报与编目、地震应急响应等提供丰富的基础数据资料。其中的数十个台站也参与到全球地震监测台网的同步运行中。中国数字地震台网使用卫星通信系统自动地把所辖国家数字地震台站的地震波形信号实时传输到设在北京的中国地震台网中心进行存储和处理。当强震发生时，在北京就可以看到分布于全国各地的国家数字地震台站当地的地震记录实况。数字地震观测技术和数据处理方法的发展，为强化我国地震速报和抗震救灾的快速响应能力提供了良好的技术保障体系。

三、快板：地球内部结构大揭秘

（一）扭动曲线中的秘密

　　19 世纪末到 20 世纪初，地震仪的研制成功及不断的改进，已经可以在相对宽的频带范围内记录地表振动随时间的变化，哪怕是来自遥远的地球另一端的振动信号也逃不过它的"慧眼"。典型的地震观测记录波形图看上去就是一些歪七扭八的随时间不断变化的曲线，但仔细看后却会发现杂乱之中还暗含着一些线索。振幅的跳动似乎表明地震是由一些相对较弱的运动，加上一个振幅很大的主振荡序列，以及后续逐渐消失的波组成。它们就像大自然编出的一串代码一样，需要解译它们到底是什么性质的波、代表什么样的运动，以及怎么产生的。在兴奋之余，科学家们更多的是困惑。

从现在开始，我们要陆续提及一些地球结构发掘史上的大咖了。没有他们的贡献，我们对地球内部的认知将还停留在简单的"球形"初级境界。

1. "震相" 真容初揭晓

首先要提到的是地震学大腕儿——英国学者奥尔德海姆（Oldham）。1897年印度大地震的波形记录给了他很大的启发。别忘了，地震记录仪的诞生在无形中为这些聪明人搭建了巨大的"舞台"。他发现，波形记录图中前面到达的两个脉冲有特定的运动方向，分析后认为最早到达的那个波是压缩波，后续到达的波是剪切波，并把这两个最早出现的脉冲命名为Primary波（初始脉冲，简称P波）和Secondary波（后续脉冲，简称S波）。地震学上一直沿用至今的P波和S波记号就这么诞生了。所谓的压缩波是一种纵波，质点的运动方向和波的传播方向一致，正如我们说话时发出的声波；如果波的传播方向垂直于质点运动方向，这种波就是剪切波或者横波，就像我们水平向晃动绳子那样。他还看到地震图上更晚些到达但幅度极大的主振荡，称之为长（Long）波，用符号L表示；最后逐渐消失的震相叫作尾波（Coda）。现在看起来怪怪的名字原本都是很形象的啊！

对这种长波（L波）的认识进展得有些缓慢。这种波就是现在常说的面波（surface wave）。其实早在实际观测到面波之前，理论上就有了对它的预言和描述。1885年，瑞利爵士（Lord Rayleigh）撰文写道，理论上存在一种面波，其质点垂向运动大于水平向运动，它们在地表的合成运动构成一种逆径椭圆。这种波现在被称为瑞利波（Rayleigh wave）。这是一个理论预言先于观测很好的例子。

到了1911年，奥古斯特·勒夫（Augustus Love）提出存在另外一种由地球的分层产生的横向面波。它有明显的频散效应，即它们会一组一组的以波列的形式到达，波长较长的会早到，波长较短的会晚到。这种面波传播速度和波长（或者和频率）相关的现象，是地震学家用来给地下速度结构成像的重要信息之一。由于这种类型的面波主要由垂直于传播方向的运动组成，因此在水平向地震仪中记录得最清楚。后人称这种波为勒夫波（Love wave）。它们的运动方式与瑞利波有些不同，主要在水平方向上振动。

后来又有学者详细研究了来自爆炸的面波，特别是 1945 年第一次核武器爆炸试验产生的地震记录图，发现正是 P 波和 S 波两种地震波能量在地球介质中的耦合，才产生了椭圆形的质点运动，形成我们常说的瑞利波。

2. 第一张人工合成"地震曲线"

以上说的都是真实的观测记录，那么能不能把问题倒过来，给定地球介质模型后人工合成出类似的理论地震曲线呢？首位开展系统的地震脉冲响应理论研究的当属英国数学家贺拉斯·兰姆（Horace Lamb），他给出了第一张人类合成的"理论地震图"。针对最简单的半无限空间模型，他首次从理论上系统地研究了连续波列和瞬间脉冲之间的关系与差别，给出了直至今日仍脍炙人口的经典的理论解。通俗地说，就是在半无限空间中施加一个最简单的"脉冲力"，计算远处产生的波动场。他发现，力的扰动可以在远处产生一系列运动，开始到达的脉冲以压缩波速度传播，随后的脉冲以剪切波速度传播，最后到达的则是瑞利面波，它的振动幅度要大很多。这与地震记录图上观测到的几组波列性质完全吻合。这一经典问题被称为"兰姆问题"。

这是最简单情况下的例子，地球产生的真实地振动曲线要比这个复杂得多。地球产生的真实地振动曲线由许多的脉冲和波列组成，如果能解译地震观测记录波形图上每个细小"折线"（wiggle）中的信息，那么人们对地震乃至地球的认识会有质的飞跃。事实上，20 世纪初人们对地球内部结构的几次重大揭秘正是基于对这些"折线"细节的认识。

3. 再说地震波

地震波是一种波。波动可是 19 世纪末 20 世纪初物理学史上最热闹的"粒子大战"中的一个核心概念。这一概念困惑了包括尼尔斯·亨利克·戴维·玻尔（Niels Henrik David Bohr）、埃尔温·薛定谔（Erwin Schrödinger）、路易·维克多·德布罗意（Louis Victor Duc de Broglie）、阿尔伯特·爱因斯坦（Albert Einstein）等在内的一批耳熟能详的物理学大咖。这里，我们没有必要叙述他们之间精彩的故事，而仅仅借助一个司空见惯的现象——水波来再次加深对地震波的理解。

当你向池塘里扔一块石头时，平静的水面被扰动，以石头进水处为中心形成的波纹渐次向外扩展。是每一点处的水微粒向外流动了吗？非也，每一个水微粒并没有向水波传播的方向运动。如何证明呢？如果水面浮着一根木棍或者一片树叶，它将在原地上下跳动，并不会从原位置处移走。水微粒简单的上下运动在空间上连续地传下去，把运动从一个微粒传给更前面的一个微粒，这样就形成扩散的水波。水波的传播方向和微粒的振动方向垂直，是一种横波。再想想体育场馆里"人浪"的动作，第一个人在原地向上伸手，紧邻其后的人也随之伸手，依次继续下去，就形成场面火爆的波动图案。这就是波的传播，空间粒子的振动在时间和空间上的传播就是波动。那么在震中位置附近，地球介质或弹性岩石的振动在时间和空间上的传播就是地震波。这种波动可以一直传播到远方，被地震仪记录到，振动强烈些的也能被我们感受到。只是不同于水波或者声波，地震波是同时包含纵波和横波的特殊的波。正因为纵波、横波的相互耦合、转换，地震波的形式才变得复杂多样，研究起来也更有困难和挑战性了（图 1-6）。

（二）地球内部"圈层"结构的逐层揭秘——地壳的发现

从这里开始，我们将陆续利用前面介绍的地震波形曲线中的不同震相的"折曲"特性，来层层揭开地球内部的圈层结构奥秘。首先将提到一个

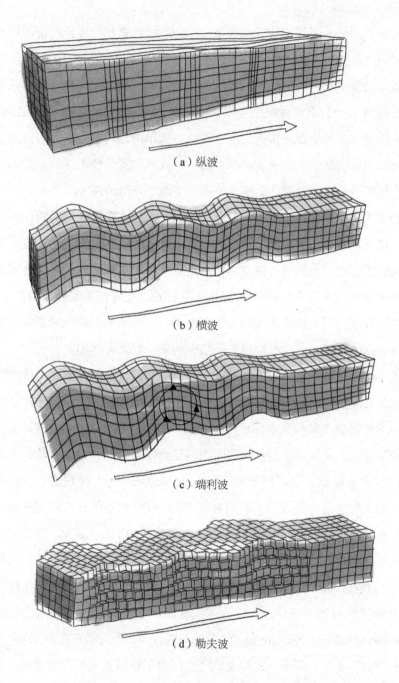

（a）纵波

（b）横波

（c）瑞利波

（d）勒夫波

图 1-6　不同类型地震波的质点运动和传播方向

很重要的名词——走时曲线。从名字就一定能猜到它和地震波行走的时间息息相关。现代意义上的地震仪一定要包含时间信息，能够记录地震仪摆放位置处的质点随时间振动的情况。从弯弯曲曲的地震记录图中读出某种震相的走时（一条地震曲线上可以有不同类型的震相），再把它们按照台站到地震事件之间的距离排列后，这幅貌似简单的走时曲线图就可以直观地告诉你地球内部的一个关键弹性变量——速度的变化情况了。先给出一个小小的剧透：走时曲线的斜率直接指示了地下介质的速度。

20 世纪初，人们对地球内部所知甚少，但还是有一些基本的正确的观点，特别是压力随深度增加而增大，地球介质的弹性模量也随深度增加而增大，因而地震波的传播速度总体上是随深度增加而增快的。但地球介质中波的传播速度到底是随深度逐渐缓慢增加，还是有其他跳变的方式，都直接与地球内部的物质构成情况息息相关。对这个问题的明确答案首先来自莫霍面的发现，这也是地球三层结构的第一层重大揭秘。

发生一次地震后，如果把地震仪记录到的地震波走时按照距离排在一幅图上就会发现，较近的台站（地震和台站之间的距离约在 100 千米以内）记录到的地震波走时与距离呈现规律变化。在更远的距离上，地震波走时突然偏离原来的曲线，到达台站的时间明显比预期早得多。1909 年，南斯拉夫科学家安德烈·莫霍洛维奇（Andriga Mohorovicic）首先注意到这种现象。他认为这是几种性质不同的 P 波震相：较快到达的波可以用在某一深度处速度突然增加的简单模型来解释。地震波传播的距离越远，在深度上就穿透得越深。如果存在一个速度突增的界面，如上层速度为 5.7 千米/秒，而下层速度为 7.8~8.1 千米/秒，那么在这个界面上发生折射的波就可以完美解释观测到的早到波。这个速度间断面被命名为莫霍洛维奇界面（Mohorovicic Seismic Discontinuity），简称为莫霍面，也可缩写为 M 界面。

在地球科学中，间断面的定义往往因研究学科的差异而有所不同。例如，地震学上的间断面多指地震波速度/密度发生急剧变化的面，这是由于地震波的传播对速度和密度的变化敏感；而岩石学上的间断面通常指化学组分发生很大变化的界面，因为岩石学侧重的是岩石组分和构成。可以预知，不同范畴下界定的间断面必然既有联系又有所区别。如今在全球各地都发现了莫霍面的存在，莫霍面成为地壳和地幔的分界面，从地表到莫霍面之间的部分称为地壳，界面以下、地核之上的物质叫作地幔。

在莫霍面发现之初，有关该界面形成、特性的问题就从未有过明确的答案，直至现在还在争议中。但莫霍面是一个全球性的界面，在海洋、大陆下方都存在，它将物理特性（如密度或波速）截然不同的岩石分隔开来却是个不争的事实。通常认为，莫霍面是长英质岩石组分和镁铁质岩石组分的分界面，界面以上的地震波速度与玄武岩的地震波速度接近，约为 6 千米/秒；界面以下的地震波速度与多种超基性岩的地震波速度相似，约为 8 千米/秒。

地壳内部也是分层的，大约以 15 千米为界限分为上地壳和下地壳。另外，不同构造环境下的地壳组成和特性也各有变化。例如，大陆地壳的岩石密度约为 2.7 克/厘米^3，平均厚度为 35～40 千米，全世界地壳最厚处位于青藏高原，可以达到 80 千米，大陆地壳的主要组成岩石为长英质岩石，平均成分相当于花岗岩；海洋地壳的密度略大些，约为 3.0 克/厘米^3，厚度为 7～10 千米，岩石以基性成分（mafic composition）为主，平均成分相当于玄武岩和辉长岩（Gabbro）。另外还有一个年龄上的重要区别：海洋地壳的年龄通常小于 2 亿年，而大陆地壳的年龄则差别很大，最老的大陆地壳可以有 40 亿年的历史。海陆地壳年龄的差别为何如此之大，在看到本书后面的章节——沧海桑田与洋陆转换时，就会揭晓谜底了。

（三）地球内部"圈层"结构的逐层揭秘——地核的发现

在地表约 2900 千米深度以下，有一个地球科学家们眼中最活跃的区域。你看不到、摸不到它，甚至从来没有念及它的存在，但它却在无时无刻地影响着我们每天的生活。它的温度可以达到 5000℃，压力达到 130

万个标准大气压 [①]，产生的地磁场保护着我们不受太阳风、外来粒子的侵害，为地球提供着终极热源。它——就是地核。

千里之深的地核究竟是如何被发现的，具有什么样的性质，对我们又有什么样的影响？对这些"深不可触"的问题的回答驱使我们回到19世纪末。那个时候，人们对地球已经形成一些基本的正确认识：地球是个赤道略微鼓起的椭球，半径约为6400千米；内部的温度、压力随深度的增加而不断地升高和加大；地球的平均密度是地表岩石密度的两倍多。其实科学家们这些有限的认识真不比一个经常待在矿井里的工人更多。

1. 地核的存在——预言阶段

1897年，维歇特根据密度关系最早预言地球存在地核。他制作了第一个高放大率、笨重如四头大象的地震仪，还引入阻尼这个现代地震仪无法绕开的设计思路。他的出发点为：地球的平均密度约为5.5克/厘米^3——这要归功于英国人卡文迪许，1797~1798年，他用扭秤方法测量地球密度约为5.448克/厘米^3±0.033克/厘米^3，与我们现在用多种方法测量的结果5.516克/厘米^{3}相差无几。然而，我们在地面随便捡起一块岩石，测量的密度却大约为2.7克/厘米^3。二者相差得实在太大，无法仅用压力随深度增加导致密度增大的效应来解释。因此，他认为地球内部的物质在组分上一定存在某种深度上的变化，而最有可能的就是极常见的元素铁（Fe）了。通过对已知的地球总质量和动量的计算，他估计地核半径为地球半径的78%，这和现今的估值——0.54个地球半径（$0.54R$，R为地球半径）有些差距。

几年之后，奥尔德海姆根据对地球密度的研究，又对地核半径做了新的估计，约为$0.55R$。注意，这已经很接近现代的准确值$0.54R$了。1906

---

① 1标准大气压=101325帕。

年，奥尔德海姆根据地震学上的证据修改了他早期对地核半径的估计，判定地核的半径仅为地球半径的 0.4。这一修正离准确值更远了，但是他已经注意到在角距离 130～150 度^①范围内接收到的剪切波（也就是横波）似乎有个"影区"，也就是这个范围内的地震波形记录中很难辨识出横波。这个"影区"真的存在吗？是稀少、离散的数据点带来的假象，还是当真蕴含着一个重大的地球深部结构之谜？

2. 原来，地核真的存在

谜底在 1913 年被正式揭开。美国学者 B. 古登堡（B. Gutenberg）——维歇特在哥廷根大学的得意门生（你很快就会发现这些大咖们有着明确的师门关系，"名师出高徒"这句话的确有道理），以确凿无疑的证据和精当的计算明确指出，在地表以下约 2900 千米深度处存在一个液态的地核。他凭什么这样说，难道他有透视地球的本领吗？当然不是，一切还得从地震记录图及前面多次提到的地震波走时曲线说起。

他发现，在按照距离排列好的走时曲线上，角距离 130 度之后的初至纵波突然"刹车"减速。纵波是压缩波，它的减速可能是密度增加、刚性下降、体积模量下降中的某个原因导致的，或者是某几种因素共同作用的结果。最初看来，弹性下降是不可能的，但是密度增加似乎是合理的。例如，前面提到的奥尔德海姆就认为地核是比地幔密度更大的固态介质。随着地震走时曲线的逐步完善，科学家们还发现 S 波在这个深度处完全消失，即不存在通过那个深度的剪切波。地震波遇到一个"神奇"的区域使得纵波减速、横波完全消失，而这恰恰是液态物质会发生的情况。压缩性质的纵波可以在固态介质和液态介质中传播，但因为液态介质的刚度为零，因而在液态介质中传播的纵波速度会急剧减小；横波是一种剪切波，虽可以较容易地穿过固态介质，但却无法在液态介质中传播（液体是

---

① 1 度角距离约为 110 千米。

流动的，不具有剪切强度，想让液体像搓扑克牌那样产生变形可是门儿都没有）。因此，古登堡断定，并且是完全肯定地断定，在地球的某个深度，也就是对应于横波消失的深度处，存在一个液态的层。1914年，古登堡采用维歇特-赫格罗兹理论对该层存在的深度进行了合理、准确的估计，认为该层大概在地表以下2900千米处。

古登堡的杰出贡献在于，他首先揭示出在地表以下约2900千米深度以上的地幔是固态的，而在约2900千米以下存在一个熔融的液态层。这个固态-液态的分界面构成一个边界，形成弹性性质（如速度、密度）的不连续面，将下地幔和地核分隔开来。这个界面被称为古登堡面（Gutenberg discontinuity），也称为地核-地幔边界，简称核幔边界（core-mantle boundary，CMB）（图1-7）。

3.核幔边界到底有多深？

多年来，古登堡关于地核平均深度约为2900千米的这个值似乎与所有的观测资料都一致。只是当用地球自由振荡资料检验地球模型时，才发现这个数字也有一定的不确定性。后来的学者汇总诸多领域的研究证据，最终认为核幔边界比古登堡给出的要浅10～20千米，即在地表以下约2890千米深度处。

核幔边界所在的深度数值并不会一直保持一个常数。地球内部巨大的热流在持续不断地慢慢地耗散着，液态外核会慢慢固化和收缩。因此，核的收缩使得古登堡界面慢慢下沉得越来越深，不过这个过程非常缓慢。核幔边界的性质和重要性远不止于此，它占据了几个"最"：是地球内部速度跳变最剧烈的间断面；界面两侧的物性差别最大；是地球内部动力学过程最活跃的界面——可能孕育了地幔柱，著名的夏威夷火山就被认为是由地幔柱形成的；也可能是俯冲板块最终的坟墓，像环太平地区就构成现今最显著的俯冲带，它们在海沟处发生俯冲，在亿万年里，也许能冲到数

（a）古登堡

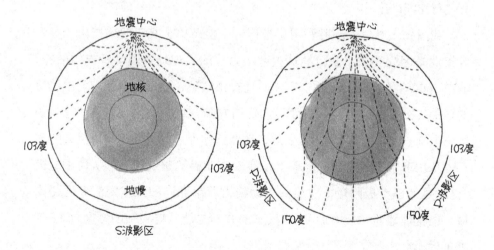

（b）神奇的"影区"

图 1-7　古登堡发现地核

千千米深的核幔边界处。这些林林总总的有关核幔边界巨大影响的故事在后面关于板块运动的内容中都会被再次提到。

4.地磁场的发源地——地核

真实的核幔边界是一个有着几千米不规则高低起伏的区域。界面以上是厚达 2800 多千米的由硅酸盐构成的地幔（就像我们看到的地表岩石那样，只是在极端的高温高压条件下，岩石的性质会出现不同），界面以下就是主要由铁元素构成的地核了。事实上，弗朗西斯·伯奇（Francis Birch）很早就发现地核的密度小于纯铁的密度，从而提出地核密度缺失和地核中含有"轻元素"的概念。也就是说，除了铁元素以外，地核中必须有比铁元素轻的元素存在，目前认为较有可能存在的是氢（H）、氧（O）、硫（S）、碳（C）这几种元素中的某一种或者某几种。有关地核成分的研究构成地球深部研究的热点问题，迄今也没有消退过。这些轻元素在地核对流中起到至关重要的作用，相关内容将在"地球初年大事件"部分进行详细讲述。

我国先人最早发现并利用了指南针，但历史上真正明确指出"指南针指北是因为受控于来自地球内部的力"的人却是英国学者吉尔伯特，他在 1600 年左右提出了这个观点。通过做实验，他发现一个均匀磁化后的球的磁力线方向与地球表面指南针的方向一致。该实验堪称"地磁场历史上唯一成功的实验"。这表明，地球整体上可以看作是一块巨大的磁石。从物理学角度来说，地球就是有着南北极的磁偶极子，从地磁北极（也就是地理南极附近）发出的磁力线沿着南北向的经线圈汇聚到磁南极（也就是地理北极附近）。偶极子的方向与地球自转轴的方向有 11 度夹角。

有关地磁场的起源，目前比较流行的观点是"发电机"（geodynamo）理论，认为地磁场完全来自地核，熔融的液态外核受热和组分的驱动产生电流，电流又产生磁场。科学研究表明，地球的磁场是在地球诞生之初的 3 亿年中形成的，但那个时候的磁场较弱。大概在 35 亿年前，地球有了内核，磁场变强了，成了最富有生命的一个星球。地磁场的存在成为地球区别于其他行星（星体）的一大重要特点，它时刻保护着我们不受太阳风、宇宙粒子的侵害，为地球上的生命体罩上了一个无形的"金钟罩"。

（四）地球内部"圈层"结构的逐层揭秘
——"核中之核"：内核的发现

1914 年，在维歇特、莫霍洛维奇、古登堡、奥尔德海姆等地球物理学大咖们的共同努力下，地球的"壳-幔-核"三层结构模型完全被确立下来。地球物理学家们认为困扰他们多年的地球内部结构问题已经被完美解决，剩下的就是修修补补和小打小闹般地描摹不同区域的图像细节了。殊不知，数十年后地震图上一个来自"影区"的细节再次引出了内核的发现，成为人类历史上对地球认识的又一个可圈点的重大进步。

让我们再回顾一下直至 20 世纪 30 年代人们对地球的基本画像：地球是分层的，分为固态的薄皮地壳、固态的地幔和液态的地核三个圈层；地震波传播的速度总体随深度增加而增大，但在约 2900 千米深的核幔边界处，液态核内的 P 波速度突然减小，S 波隐遁消失。

地球内部的速度间断面使得地震波在传播时发生反射或折射，从而改变波的传播方向，就像光从空气中传播进入水里一样。在性质改变最明显的核幔边界上，地震波也会改变传播方向，因此在地表会存在观测不到这些地震波出射的"影区"。但事实却是，很快就在地震波记录图所谓的"影区"范围内发现了明显的波形脉冲。1936 年，丹麦地震学家英格·莱曼（Inge Lehmann）提出了一个简单明了的模型，用一个月球般大小的核（半径约为 1200 千米），巧妙、完美地破解了这个谜团（图 1-8）。

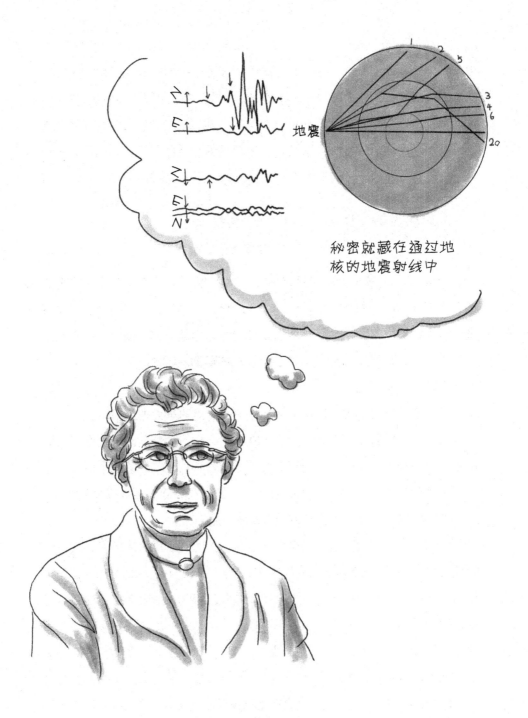

图 1-8 莱曼揭示内核的存在

1. 莱曼其人

莱曼是丹麦女地震学家，1888 年生人（金牛座），1993 年去世，享年 105 岁。她的最杰出的贡献是首先提出"地核至少有两层"的观点。莱曼从小就是一个害羞的女孩，不喜欢成为焦点人物，这种性格伴随其一生。她就读于丹麦第一所男女合上的 Fællesskolen 学校，该校是由著名的量子力学奠基人玻尔的一位伯母创建的。她和男孩子们一起学习同样的科目，参加一样的体育运动和社交活动。在 18 岁那年，莱曼以第一名的成绩通过哥本哈根大学的入学考试，于 1907 年开始大学生涯。其间，她去剑桥大学求学过，中途曾放弃学位在一家保险公司工作，后于 1918 年彻底回到哥本哈根大学，并于 2 年后获得了数学专业理学学士学位。1925 年起，她开始从事地震学工作。她访问了欧洲不同国家的地震观测台站，努力学习地震知识和对地面运动的分析技术。她醉心于研究地球内部的结构之谜，并于 1928 年获得大地测量学专业的硕士学位（Master of Science degree in Geodesy）。在那个年代，作为一名女性，她被鼓励献身于科学事业。她后来回忆说到，在她的学校里，没有人认为男女之间在智力上有差别，而之后她认识到社会对妇女的一般态度并非如此时感到非常失望。

1928 年，莱曼被任命为哥本哈根皇家丹麦大地测量研究所地震学部主任，并一直担任这一职务到 1953 年退休。哥本哈根独特的地理位置特别适合记录太平洋地震带上大地震产生的通过地核的地震波。莱曼利用这个优势读取了记录有这些波的地震图，并巧妙应用科学方法取得了突破性成果。

2. 见微知著：从小小的异常到内核的发现

1929 年 6 月 17 日，新西兰发生了一次强烈的地震，在 1 万多千米地球另一端的哥本哈根，地震仪清晰地记录下了地震波到达时的振动。莱曼分析了包括哥本哈根地震仪在内的位于全球各地的仪器对这次地震的记录，察觉到一些微妙的异常。她说道："我倾向于读取由地震仪获得的直接记录，虽然这意味着会有很大的工作量，但是很多发表的数据并不能让我满意，特别是在记录比较复杂的情况下。"

由于地核是液态的，纵波在经过核幔边界时会发生偏转，因而存在某个"影区"记录不到纵波的情况。莱曼却发现有两束异常的纵波本该在经过地核后发生偏转，却真实出现在不该出现的地震波"影区"里，这是古登堡的预测中完全没有的。两束神奇的穿透地球内部的纵波到底想告诉人们什么信息呢？

在这个发现的 6 年之后，莱曼正式提出一个用来解释这两束奇怪纵波的漂亮模型：在液态的外核内部还有一个固态的内核，是固态的内核改变了纵波的方向，使得地震波从小的内核上反射出来，进入原本的"影区"。莱曼提出几个步骤以论证支持她的结论。她首先设想了一个由单一地核和地幔组成的简单的两层模型，接着进一步设想纵波以恒速 10 千米/秒通过地幔，以 8 千米/秒穿过地核。这些速度是纵波在地幔和地核中通行速度的合理平均值。然后她引入一个小的中心核，认为地震波在其中也具有恒定纵波速度。她的简化假定可以把地震射线看作直线，像奥尔德海姆做的那样，这样就可以用初等三角知识去计算这个模型的理论走时。她假设，早到的核波是从某个假设的内核反射的，然后她连续进行计算，发现可以找到合理的内核半径，使得早到核波的观测走时与模型预测的走时一致。最终她得到这个内核的半径约为 1200 千米；反射的波在震中距小于 142 度的地震观测台出现，预测的走时与实际观测的走时十分接近。

莱曼把这些结果发表在题为"P"的论文中，这是公开发表的地震学研究中题目最短的论文之一。她在文章中并没有证明内核的存在，但却提出了一个很可能是正确的模型。1980 年，历史学者史蒂芬·布拉什（Stephen Brush），写道："莱曼提出的存在内地核的假说，迅速地被其他地震学家所接受，而这一假说也成为 50 年来人类对地球内部认识的重要进步。"

3. 内核边界：尖锐的还是糊状的

直到 20 世纪 60 年代早期，人们还不清楚内核的边界是清晰的界面还是有着一百多千米厚度的过渡带。利用地震波的反射特征可以对这个问题进行探测。波反射的一个基本性质是，缓慢过渡边界上的反射波能量低、波形宽而不清楚，特别是在近垂直的高角度入射时更是如此。20 世纪 40 年代出现的杰弗里斯-布伦走时曲线（JB 走时曲线，后文很快就会提到）是在假定内核为过渡带的情况下计算的。这些曲线预测，在距离震源不到 110 度的范围内看不到 PKP 波，因为在那个高角度入射时，地震波将在过渡带中失掉大部分能量而变得太弱从而到达不了地表。

1963 年，Bruce 等学者在从事伯克利地震台网记录的地核波研究时发现，纵波能在震源距小于 110 度的台站记录到，这恰恰是前面所说的理论走时曲线认为不可能有地核波的距离。此外，波的脉冲持续时间短，表明它们的波长只有 5 千米那么短，而通常这类波的波长是 10~100 千米。因此可以断言，记录图上看到的是从清晰、厚度不到 5 千米的内外核界面反射回来的波。这些波的观测走时表明，反射面位于距地球核心 1216 千米处。

事实上，对内核界面性质的研究仍在持续开展中。最新的研究表明，某些地区（如鄂霍次克海西南地区）下方的内核界面就是糊状（mushy）的，而它周围地区下方的内核界面则是完全尖锐的。

（五）JB 走时表和地球结构的完整认识

地球内部结构的逐层揭秘让我们看到地球内部结构的复杂，洋葱样的圈层结构正体现了地球结构的一级不均匀性，表现在构成地壳、地幔、地核物质的波速、密度等性质的显著不同。探测地球介质弹性性质正是地震波的拿手好戏。我们已经看到，20世纪初地震学史上的几桩大事件都来自对地震波走时的观测。事实上，地震波的走时曲线一直是发现地球内部异常结构的撒手锏，直至现在也威力不减。

1. 杰弗里斯-布伦（JB）走时表

全球很多地方都在发生不可计数、大大小小的地震。如果这些地震的震源和发震时刻已知，地震记录图上的时间信息就可以让我们明确知道地震波能量从震源传播到地震仪器所经过的时间（称作走时或者到时），然后就可以把走时作为距离的函数表示出来，这就是观测走时曲线。它的变化和形状包含了丰富的地下结构信息（还记得莫霍面的发现吗？走时曲线的斜率暴露了一切）。历史上的地球物理学家们就是通过在现有地球模型的基础上合理地给地球赋予新的结构，利用观测走时对每一层物质属性（主要是纵波和横波速度、密度）进行约束，使得模型预测的走时曲线尽可能与观测走时曲线吻合。

这方面著名的工作当属20世纪40年代哈罗德·杰弗里斯（Harold Jeffreys）和基斯·爱德华·布伦（Keith Edward Bullen）共同发表的杰弗里斯-布伦走时表（Jeffreys-Bullen travel time table，JB table）和基于此提出的地球模型了。30年代，杰弗里斯在剑桥大学工作时就醉心于改进地震波的走时曲线，布伦作为研究生加入他的团队。布伦的才干、努力和旺盛的精力让这项工作有了飞速进展。很快，在改进的走时曲线基础上，布伦重新估计了密度变化，并于1940年与杰弗里斯一起发表了著名的JB走时表和地球模型。根据地震波速度变化，他们将地球分为7层，分别用字母A～G来描述。A为地壳，平均厚度为33千米。地幔分为三层，用B～D来表示。B为最上层，从地壳底部到大约413千米深度，速度增加的速率可以用压力增加效应来合理解释；中层记为C，深度位于413～984千米，其速度增加的比上层中增加的要快些；下层用D表示，从深度984

千米至地核边界 2898 千米处（还记得古登堡给出的核幔边界深度值吗，约 2900 千米），其速度增加的比较缓慢，并且几乎呈线性增加。

JB 走时表及模型全面给出了当时人们对地球整体结构的一维认识，是人们以地震为工具对原本无法探知的地球深部世界的定量化"描摹"。事实上，这一模型的提出时计算机还未诞生，一切繁复的计算工作都是用计算尺手动操作完成的。这个模型的提出堪称划时代的"巨作"，地震学界使用这一走时表长达五十多年（这一点恐怕连提出者本人也未曾想到），并将它作为"标准"地球结构来确定实测地震波和模型预测的偏差。它堪称是基于球对称模型最好的地震波走时表，使得后续 40～50 年里地震的精定位及地球新结构（主要是二阶的精细结构）的陆续发现成为可能。

2. 杰弗里斯和布伦其人其事

为什么是他们，一对地球物理学界的"绝佳搭档"，在那个时候提出了这样一个举足轻重的模型呢？这里想花一些笔墨对他们精彩的人生进行一下介绍，也许从不同的侧面了解他们会产生不同的启发。杰弗里斯有太多的头衔。根据维基百科的排序，他是英国数学家、统计学家，其次才是地球物理学家和天文学家。事实上，他堪称 20 世纪最伟大的应用数学家之一，他致力于利用数学方法来理解物理世界（如果你了解"数学物理"方法的话）。他出版了 3 部主要著作，其数学才能和贡献完全可以体现在《数学物理方法》（*Methods of Mathematical Physics*）一书中。这是他和妻子于 1946 年共同出版的。毫无疑问，他的妻子也是当之无愧的数学家。该书共出版了 3 版。他的《概率理论》于 1939 年出版，也发行了 3 版。他提倡贝叶斯统计学，尽管这在当时很不合乎时宜，被大家嘲笑且很快被学术主流遗忘，但在今天"大数据"流行的年代里，这一理论重新被呼出，并在数据分析、提高成像、解译信息方面大有用武之地。当然，他最知名的成果应该是《地球——它的起源和物理结构》（*The Earth: Its origin,*

History and Physical Constituition）这本书了，涵盖了基于观测和用数学作为工具仔细求证、分析解决地球科学诸多领域的问题。此外，他还出版了《科学推演论》（*Scientific Inferences*）一书，详细论述了他所提出的一些科学方法（现在称为"反演理论"）。《地球——它的起源和物理结构》这本书一直是地球科学界必读的宝典之一，1924年出版第1版，最后的第6版于1976年出版，当时他已经85岁高龄了。概言之，他是一位杰出的地球物理学家，但同时在宇宙学、流体动力学、陨石学、解剖学、心理学、影像技术等方面做出了杰出贡献。对大多数地球科学家而言，杰弗里斯最杰出的贡献莫过于JB地震学走时表的构建。有趣的是，他也是早年反对阿尔弗雷德·魏格纳（Alfred Lothar Wegener）"大陆漂移学说"的强有力代表之一。问题聚焦在大陆漂移的动力来源上。魏格纳提出"潮汐力"和"极地漂移力"是造成大陆漂移的动力，而杰弗里斯用他杰出的数学才能计算了这些力的大小，认为大陆漂移需要巨大的、几乎无法想象的动力，远非魏格纳指出的潮汐力所能提供的。因此，他坚定不移地站在了反对"大陆漂移学说"的阵营内，直至晚年仍对"海底扩张学说"持有一种怀疑和不屑一顾的态度。

布伦是澳大利亚地球物理学家，一生荣获诸多国内外荣誉与奖励。1949年获得"英国皇家学会会士"（Fellow of the Royal Society）称号，1961年成为美国科学院外籍院士，随后又是一堆头衔加身，这里略去不表。1931年，年轻的布伦成为剑桥大学圣约翰学院（St. John's College）的一名研究生。他师从杰弗里斯，在其指导下分析了大量全球台站走时数据。这项工作完全是在手摇计数器下完成的，他对每一个地震事件发生的精确时间和位置，以及主要射线路径作为震中距的函数等，都给出了准确的分析。布伦精力旺盛，创作颇丰，涉猎领域涵盖教育、数学教育、百科全书等诸多方面。他的第一本书《地震理论基础》（*Introduction to the Theory of Seismology*）于1947年由剑桥大学出版社出版，成为地震学领域的经典教材之一。

四、行板：再看地球内部

把地球"透明地呈现在人们面前"，展现地球内部状态 [如温度、压力、密度、（非）弹性性质] 及物质组成，是人类对地球认识的终极目标。除去 20 世纪前半叶对地壳、地幔、地核（包括内外地核）圈层结构等地球科学中的重大发现外，一些后续研究让我们对地球内部结构有了更进一步的认识。这里要讲的就是陆续发现的地球内部的其他速度、密度间断面。这些间断面存在的方式、特性、空间分布、存在原因和机理等是人类认识地球历程中必然要面对和认识的科学问题。

（一）新结构的揭秘

1. 410 千米间断面和 660 千米间断面

它们是上地幔中两个著名的间断面，分别位于地表以下 410 千米及 660 千米深度附近，因所在的深度而得名。这两个间断面之间的区域称为"地幔过渡带"或者"地幔转换带"（mantle transition zone）。在空间上，地幔过渡带连接了上地幔和下地幔部分 [现在的模型，如初步参考地球模型（preliminary reference earth model，PREM）就是以 670 千米为界将地幔分为上地幔和下地幔两部分]，起到了地球内部物质和能量交流"承上启下"的作用。

对这些地幔间断面的发现依然离不开地震波走时曲线的观测。1926年，拜尔利（Byerly）对 1925 年 6 月 28 日发生的蒙大拿地震进行了一次震后常规性研究。他发现，按震中距排列起来的走时曲线在距离震中 20 度左右的位置出现了斜率突变，并推断这种变化对应于地震波抵达 400 千米深度处的变化。当时他采用了"20 度间断面"这个名词来称呼对应的地下速度间断面。这可以算是最早的对 410 千米间断面的推测。你可能会发现，JB走时模型中的B层就是以413千米深度为界线划分的。但在JB走时模型中，下地幔的顶界面却在约1000千米深度处，和现在广为接受的660千米深度有数百千米的差异。这也体现了人们对地球的认识是一个循序渐进的过程。

早期的模型认为在410千米和660千米深度处存在速度梯度的变化，也就是说有一个速度过渡带。20世纪60年代后，随着对宽角可控震源和地震震源方面的研究的深入，人们进一步确定了410千米间断面和660千米间断面是两个全球性的速度/密度跳变间断面。这种广泛存在的地球内部间断面是怎么形成的？是反映了地球内部的物质组分差异还是另有其他原因？

现在的普遍认识为：不同于核幔边界和莫霍面，这两个间断面是由地幔的重要组成矿物——橄榄石发生物质相变而产生的。早在1936年，伯纳尔（Bernal）就认为地幔中的这些速度跳变面是由相变产生的，而不是由物质组分变化产生的。著名的岩石学家伯奇及泰德·林伍德（Ted Ringwood）等也相继提出赞同这一相变观点。这两种类型的变化可是有本质区别的，一种是通常意义上说的化学变化，有新的物质产生；而另一种则类似冰融化成水，是同一物质由于温度、压力变化而发生的相态变化，从而产生速度/密度跳变。410千米间断面是由橄榄石α相→β相相变产生的，是一个放热反应，压力和温度的变化比值是正的，也就是发生相变的斜率为正；而660千米间断面是由尖晶石相的橄榄石向更深部的布里奇曼石［Bridgminate，曾经也叫作钙钛矿（Perovskite）］和镁方铁矿的转变形成的，是一个吸热反应，压力变化和温度变化的比值是一个负值，也就是相变斜率是负值。别小看这些正、负值的差异，当地幔内部存在温度差异的时候，这些差别就会导致明显不同的反应。

例如，当地幔过渡带的温度因为有低温物质的侵入而变冷时（板块俯冲是典型的代表事件），这些间断面不会老老实实地待在原处，410千米间断面会出现抬升，而 660 千米间断面会发生下沉，地幔过渡带的厚度会明显加厚；反之，地幔过渡带内的温度升高时（如有轻的、热的物质上涌时，就像烧开的水那样从壶底往上冒），660 千米间断面会抬升，410 千米间断面会下沉，地幔过渡带会变薄。因此，利用地震波"测量"这些间断面的深度起伏情况，就可以获知地幔过渡带内的温度异常状态。这是一个很典型的用地震学"遥感"手段来探知地球内部温度状态的例子（图 1-9）。

地幔中还存在一些其他间断面，人们对于它们的存在和性质仍有很大争议。例如，有观点认为 520 千米间断面（顾名思义，存在于 520 千米深度附近）是橄榄石 β 相→γ 相相变生成的，但不同周期地震波的探测得到或许存在或许不存在的结论。这表明，它的存在不是全球性的，并且速度变化也没有另外两个地幔间断面那样强烈。

2. 奇特的 D″ 层

如果有一匹能遁地而行的千里马，那么它以"日行千里，夜行八百"的速度向地心跑 3 天就可以到达核幔边界区域了。而这里要重点说的 D″ 层就是位于约 2900 千米深处的核幔边界之上几百千米厚的一个区域，它堪称整个地球内部最活跃的区域之一。

这个区域的存在有些"意外"：在整个地幔内部，地震波的速度一般随着深度的增加而增快，人们预期进入地球内部越深，地球的组分和结构就应该越均一，完全不同于地表观测到的各种地质构造和岩石多样性显示出的复杂性；然而这种地震波速度趋势"随深度简单化"的行为却在某个深度处戛然而止——在地幔最底部的几百千米处，也就是在核幔边界之上，地震波的速度偏离了正常的增加路线，突然凌乱地变化起来，同时也表现出很强的横向不均匀性。这个地震波速度明显违反"常规"的核幔边界以上几百千米厚的区域称为 D″ 层。

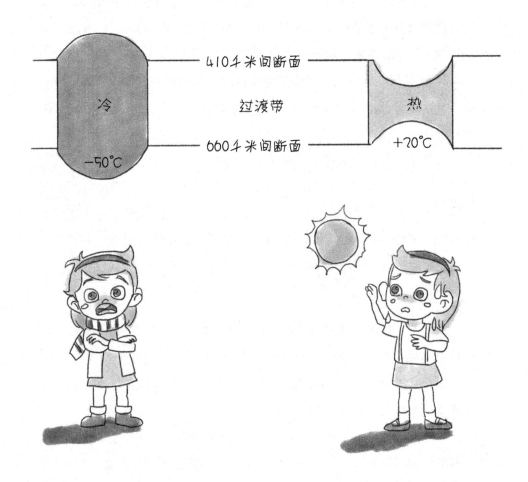

图 1-9　地幔内部的间断面

410 千米间断面和 660 千米间断面，由组成地幔的主要矿物橄榄石发生相变产生。间断面的深度受到温度的影响会发生抬升或者下降

D″读作 D 两撇层（英文读作 dee double prime）。怎么会有这样一个拗口、突兀的名字呢？这并不是从韵律学上做的特殊考虑，也不是因为听上去更有诗意，而完全是一个历史"遗留"问题。还记得 JB 模型吗？最早的球对称分层地球模型将地球分成 A～F 六个层，A 为地壳，而 D 层为下地幔。这意味着，如果后来在某层中又发现了新的层，命名就只能加撇或者双撇了。的确是这样，20 世纪 60 年代，人们在下地幔顶部发现了速度急剧变化的层，D 层就自然而然地分为两部分，上面的称为 D′层（D撇层），下面的叫作 D″层（D 两撇层）了。事实上，地球内部很多速度层的名字都已经做了更名，但 D″层的名字还一直保留至今。曾经有学者在 2000 年建议为 D″层改名，或者以发现者的名字命名，如改成类似"古登堡层""莱曼层"的叫法，但一直没有得到太多的响应。大家似乎已经习惯于这个 D″层的独特称呼了。

事实上，在全球很多地方核幔边界以上 200～300 千米（119 吉～125 吉帕）处都观测到 D″层。但为什么会普遍存在这个层，至今还没有定论。

下地幔的主要构成矿物是布里奇曼石，但由于观测到的 D″速度异常很难由布里奇曼石的特性加以解释，因此有学者猜测也许该区域存在一个未知的相变。要知道那个时候的实验条件远不能同时达到下地幔的温压条件（核幔边界的压力可以达到 136 吉帕，温度可以高达 3000℃），人们只能把相对低温、低压下的实验数据点外推到高温高压状态下，这就存在很大的风险了。

21 世纪初，随着大型同步辐射装置的发展，激光加热金刚石压砧技术和原位 X 射线衍射实验等测量手段的进步，高温高压实验有了突飞猛进的发展。2004 年，Murakami 等终于可以在实验室里实现与下地幔相当的温度、压力条件了。这可不是一件容易的事情。在压力达到 113 吉帕、温度高于 2500 开时，下地幔的主要构成矿物布里奇曼石居然真的可以发生相变形成后钙钛矿（post-perovskite）。这个相变的位置在核幔边界以上

400 千米左右，恰好可以解释很早以前观测到的 D″ 层的各种表现。从这之后，一些长期困扰人们的谜题因为后钙钛矿的发现而得到解释，包括在 D″ 层顶部存在一个速度激增层、D″ 区域的地震波各向异性、横波速度和体积声速（bulk-sound velocities）的反相关性等观测现象。

3. 软流圈和岩石圈

对于板块构造理论而言，岩石圈和软流圈是两个最基本的概念。岩石圈（lithosphere，其中的 litho 来自希腊文，有岩石的意思，sphere 意为圈）就是地球上部坚硬的岩石层，厚度约为 60～200 千米，不仅包括地壳，还包括厚达 150 千米甚至更多的上地幔顶部刚性层；软流圈（asthenosphere，其中的 asthenia 来自希腊文，意为弱）就是位于岩石圈下面，存在部分熔融、具有塑性流动的地幔物质。巴雷尔（Barrel）早在 1914 年就把这层强度较小、可以缓慢运动以趋近流体静力平衡的物质称作软流圈。因此，它起初是一个来自力学的概念，而不是用地震波探测出来的。当然，人们通过地震波探测也发现了软流圈表现出较低的地震波速度，且纵波和横波的衰减比在岩石圈中快得多。

板块构造理论中的板块指的是岩石圈，它们才是真正意义上的地球的“外壳”，被软流圈物质“驮”着，进行缓慢的运动。就板块本身的运动和力学特性而言，岩石圈和软流圈的概念要比单纯的由莫霍面区分开的地壳和地幔重要得多。这个“外壳”是坚硬的、不连续的，沿着洋中脊、海沟和转换断层处被分割为巨大的板块。岩石圈也不是铁板一块，在各个板块的边界有剧烈的地震活动和火山作用，想想日本和南美洲大地震频发就可以理解这一点了。各个板块的内部又不是一成不变的，而是可以发生剧烈变形的，地表可以看到的高山、峡谷、盆地、丘陵、断陷等都是岩石圈内部巨大形变的表现。在本书的后半部分将会多次更加详细地描述岩石圈和软流圈的特征与动力学意义，我们在这里给出的只是概念性的简单介绍。

（二）地球的自由振荡——地球可以像铃铛那样振动

任何有限体积的固体都只会在某些频率上发生振动，振动在空间和时间上的传播形成了波。地球也不例外，它会像一个铃铛那样在某些特征频率上"振动"。这种特殊的只在某些离散频率上发生的振动，也称为驻波（standing wave），提供了另外一种完全不同于行（读音：xíng）波（意为行走的波，travelling wave，就是我们在前面一再提到的体波、面波等）的描述来描述固体变形运动的方式。地球自由振荡的模式与地球内部的物理参数（密度、速度、黏度结构等）有密切关系，因此成为科学家们用来认识地球内部状态的又一不同、独立、重要的观测依据。

1. 你信吗，地球会像铃铛那样振动

想使地球这种庞然大物"振动"起来，首要的条件是要有足够大的能量激发它的"振动"，但仅有能量是不够的，还需要有仪器能够记录到它。一次超级大地震之后，地球会默默"振动"好几天。可以料想，地球的这种"振动"必然是极"微弱舒缓"的（反正敏感的你和我都没有感受到），更物理些说就是"极低频和极微弱"的，没有一些特殊的仪器是无法准确捕捉到的。早期的地震仪几乎都属于惯性地震仪，仅能准确记录比仪器本身固有振动频率高的振动，最长也就是几十秒左右的周期。1935 年前后，贝尼奥夫（Benioff）发明了应变地震仪，通过测量两点之间的相对位移的方式才使记录超长周期的地表运动成为可能。十多年之后，在人类历史上第一次看到疑似地球自由振荡的信号。

1952 年 11 月 4 日，堪察加地区发生了一次 8.4 级大地震。贝尼奥夫在他的应变地震仪记录图上观测到周期为 57～100 分钟的地面运动。这个周期比过去所见到的一切周期都长很多，人们很快就怀疑这可能是地球的自由振荡。事实上，这种振荡曾经被兰姆和勒夫的理论工作预言过。早在 1882 年时，兰姆从理论上预言存在约 44 分钟的地球自由振荡。当然，

兰姆和勒夫那时掌握的地球内部的结构和组分信息非常有限，所以他们的计算必然是针对最简单的地球模型进行的。1958年，皮克雷斯（C.L. Pekeris）和雅罗斯（H. Jarosch）运用刚性随深度变化的更接近真实地球的模型估计了地球自由振荡的最长周期应该在52分钟左右，这比贝尼奥夫利用应变地震仪记录到的周期稍微短一点。

直至1960年5月22日智利地震发生后，人类第一次"确凿无疑"地看到了地球像铃铛似的自由振动。智利地震的震级为9.5级，是人类历史上记录到的最大地震，释放的超级能量狠狠地"敲动"了我们的地球，在贝尼奥夫的应变地震仪和其他研究小组的拉蒙特（Lamont）地震仪、摆式地震仪、长周期地震仪等不同仪器上，以及在拉柯斯特（La Coste-Romberg）重力仪上，同时记录到地球自由振荡的信号。7月，国际大地测量学和地球物理学联合会（IUGG）大会在芬兰首都赫尔辛基召开。几个不同的研究小组不约而同地宣布了对智利地震引发的地球自由振荡的观测。

当时的场景还原后大致是这样的：普雷斯（F. Press）宣布了贝尼奥夫在他的应变地震仪上发现的自由振荡观测结果；接着，斯利克特（L. B. Slichter）宣布自己的研究集体也在拉柯斯特重力仪上独立地观测到类似的结果。两者比较后发现，很多周期的信号十分吻合，但贝尼奥夫观测到的某些周期的信号在斯利克特的结果中看不到。另一位学者派克里斯（C. L. Pekeris）早就对地球自由振荡进行过深入的理论研究。他把斯利克特的结果中"丢失"的周期研究了一番后告诉大家，这些周期就是他所计算的"环型振荡"，而重力仪是记不到"环型振荡"的！两套独立的观测证据惊人的相符。这一戏剧性的比较，成为地震学研究史上的一段佳话。超长周期的地表运动——地球的自由振荡第一次被毫无悬念地证实并"曝光"在人们面前。闭上眼睛都可以想象当时人们兴奋的样子。布伦在参会后写道："他目睹了一个令人无比兴奋、激动的科学领域的出现……"

这次探测开启了自由振荡地震学，同时也给出了另外一种独立的探测地球结构的方法，尤其是对密度的约束也更精准。1964年3月27日阿拉斯加9.2级地震时，地球再次产生了强烈的自由振荡。前后几次强地震的发生无疑将地球自由振荡的研究推向了一个高潮，促成20世纪60～70年代地球自由振荡理论研究的黄金时期。

2004年印度尼西亚苏门答腊岛附近海域发生的地震是第一个现代宽频带地震仪器记录到的9级以上地震（20世纪60年代的智利地震和阿拉斯加地震发生时的地震仪还太原始）。这场地震的破裂持续时间约为8分钟，断层破裂尺度达到1300千米。当地震能量比较强的面波经过12 000千米远处的美国时，地震波产生的位移可以达到1厘米。这次地震释放的能量为（$1.4 \sim 3$）$\times 10^{17}$焦耳，激发的地球自由振荡在震后的几个月内还一直能被观测到。

2. 比铃铛要复杂啊

地球的自由振荡可以理解为一个"巨无霸式的铃铛"在有外界超强力作用时表现出来的本征运动。摇晃大铃铛时的声音低频、沉闷些，而摇晃小铃铛时的声音则高频、清脆些。对应的，地球的自由振荡也存在不同振型，也具有不同的振荡频率和振荡花样，通常可以分为球型振荡和环型振荡两大类。球型振荡时，地球上质点的运动既有径向分量，也有水平向分量，能引起水平向和垂直向惯性力的变化，同时引起地球内部物质密度的变化。因此重力仪、应变地震仪、倾斜仪和甚长周期地震仪都可以记录到球型振荡。环型振荡，也叫作扭转型振荡，只在和地球同心的球面上运动，没有径向分量，地球介质只会发生剪切变形，没有体积变化，因而地球的重力场不会受到扰动。所以在理想的"对称、无旋转、弹性、均匀"的地球（spherical non-rotation elastic isotropy，SNERI）模型假设下，重力仪记录不到这种振荡信号。这也就解释了在1960年赫尔辛基召开的IUGG大会上，一些公布的重力仪记录上没能观测到某些振型振荡的原因。但实际上，由于地球的椭球性、自转科里奥利力的作用，以及三维速度不均匀结构的影响，本来只有水平位移的环型振荡会产生垂直分量上的运动，所以重力仪也能记录到一些大地震（如2004年的苏门答腊大地震等）激发的环型振荡。当然，环型振荡在液态地核中是不存在的。

目前已经观测到一千多个本征振荡的频率。这里仅举几个代表性的例子。例如，$_0S_0$型振荡中两个脚标位置处的0就是科学家们区分不同振型的标号，就像一辆汽车后面贴了一个4个圆环的标牌，你就明白它是奥迪牌汽车一样。它是一类最简单的"呼吸"型自由振荡，想象一下——整个地球一收一缩、一起一落地做着有规律的呼吸运动，而这一起一落的时间长至20分钟；另一种 $_0S_2$ 型振荡则以53分钟的周期把地球变得像个橄榄球，忽而南北极长些，忽而赤道长些；另外还有一种比较常见的 $_0T_2$ 环型振荡模式，这种振荡模式像是拧毛巾，北半球发生逆时针旋转，而南半球则向顺时针旋转（图1-10）。

由于各种振型的频率受地球结构的影响，因而自由振荡观测资料成为检验和约束地球模型的另一种重要手段。可以把预期的地球模型的谐振图像与实际的观测资料进行比较，还可以对各种模型进行检验，直到发现符合的最佳模型为止。还记得古登堡于1914年给出的核幔边界深度约为2900千米的结果吗？自由振荡资料表明这个界面深度需要变浅10~20千米。对于大量的满足地震波走时的地球模型（注意：反演问题是不唯一的），普雷斯（Press）检验了500万个不同的地球模型，发现只有非常有限的一些模型给出的状态范围与自由振荡获得的质量和动量资料的组合相一致。现如今学者们广为使用的一维地球参考模型（PREM模型）就利用了大量的地球自由振荡观测数据。

3. 太阳也会振荡

其实太阳也有自由振荡运动，相应的研究称为自由振荡日震学

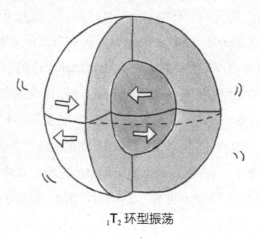

$_1T_2$ 环型振荡

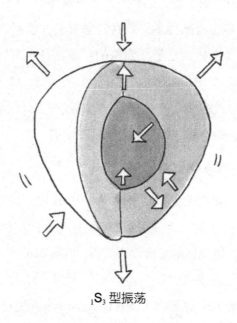

$_1S_3$ 型振荡

图 1-10　地球的自由振荡

（helioseismology）。尽管不能在太阳上安放地震仪，但是可以通过测量谱线的多普勒移动（doppler shift of spectral lines）来探测太阳表面的振荡。这种振荡在 1960 年由罗伯特·莱顿（Robert Leighton）首次观测到，发现太阳表面以 5 分钟为周期在连续振荡。起初，人们用太阳表面的局部气体运动来解释这些振动；后来，人们又认为来自声波的振动被束缚在太阳内部。1975 年，人们又发现观测到的振动和预测的太阳的自由振荡相一致，于是诞生了"日震学"。许多地球上发展出来的自由振荡分析技术完全可以应用于太阳结构的研究中。目前对太阳径向结构已经有了较好的约束。

（三）逐渐"透明"的地球

人类对地球内部结构的认识并没有停留在简单的层状模型上。在 20 世纪前半叶集中涌出的发现，让我们对地球内部的认识比过去几千年积淀的都要深刻、清晰、精准得多。然而科学家们并没有满足，为地球构筑一个系统的一维参考模型是随之而来的目标。科学家们更大的梦想则是让地球内部像水晶球一样透明地呈现在我们的面前，哪里有速度或密度的跳变，哪里有俯冲的板块及俯冲的形态，哪里有上升的地幔柱，地幔柱的头、尾和轨迹等，最好都一览无余地呈现在面前。

1. 优美的一维参考模型（PREM）

前文中提到的由杰弗里斯和布伦构建的 JB 模型是最早的一维地球参考模型，在地球科学界广泛使用了 50 多年，用于确定地震发生的时间、位置和强度大小，以及理解地震破裂过程、找寻新的穿透地球内部的震相信号和发现细层次的深部结构。1981 年，亚当·M. 泽汪斯基（Adam M. Dziewonski）和唐·L. 安德森（Don L. Anderson）提出了基于更大量体波走时数据、自由振荡数据的初步参考地球模型——PREM（preliminary reference Earth model）。这个模型不仅仅在地震波走时数据上有了更新，更是用到完全崭新的地球自由振荡资料。它的加入可以将地球的密度约束得更好。PREM 模型考虑了地球的弹性性质、衰减、密度、压力及重力等的变化，在当年的"国际地震与地球内部物理学协会会议"（IASPEI）上正式通过，被誉为"是一个采用资料最丰富、使用算法最先进、给出的数据最完善、至今仍广为采用的现代地球模型"。利用谷歌搜索引擎工具检索可以发现，这篇有关地球初步参考模型的文章的引用次数已高达近 1 万次，其真实的引用数量比这个数字要高很多。

PREM 是一个地震波速度只随深度变化的"平均"地球模型，不考虑可能的横向变化（只有深度一个维度的变化，所以才叫作一维模型）。模型在建立之初就已经承认前人大量研究获得的地球内部各主要构成区域的存在，包括海洋层、上地壳和下地壳、软流圈、410 千米间断面和 660 千米间断面（PREM 中放在 400 千米和 600 千米深度处）之间的地幔过渡带、下地幔、外核和内核等。PREM 模型主要使用了三类资料：①天文大地测量资料（如地球半径、质量和惯性矩等）；②自由振荡和长周期面波资料，选用了 900 个高精度本征振荡周期观测值；③在当时堪称"海量"的体波走时数据——包括 200 万个纵波走时数据和 25 万个横波走时数据。

PREM 被广泛用作地震波成像、地震定位及其他地学相关研究的基础工作模型。随后，地震学又陆续推出了其他一些模型，如 iasp91 模型、ak135 模型等。它们使用的数据不同，对地球参数化的方法也有差异，但模型给出的总体速度随深度的变化趋势是一致的。至此，对地球内部的简单、定量刻画（图 1-11）已经完成：地球是由地壳、上地幔、下地幔、液态的外核、固态的内核构成的。地震波速度总体呈现随深度增加而增大的趋势，纵波速度由地表的 2～3 千米 / 秒逐步增大到地壳底部的 6～7 千米 / 秒，在莫霍面处跳变到 8 千米 / 秒；进入地幔后，地震波速继续增大，在 410 千米间断面及 660 千米间断面处速度出现 4%～6% 幅度的跳变，这个深度区间对应着地幔过渡带；再往深处进入下地幔，速度依旧缓慢增

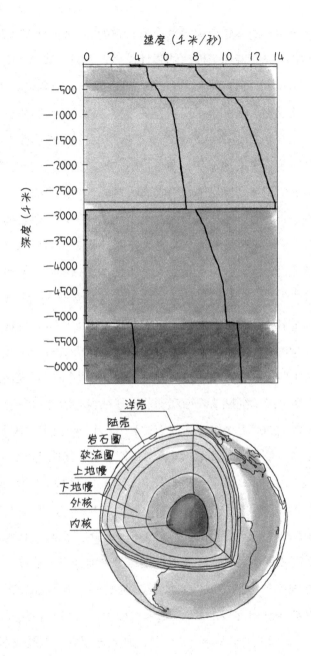

图 1-11　地球一维模型给出了对地球内部结构的基本刻画

大；在约 2900 千米深处，纵波速度突然从 13 千米/秒减小到 8 千米/秒左右，这个界面即为核幔边界，也称为古登堡面；进入液态外核后，横波消失，纵波速度又开始逐渐增大，大约在 5000 千米深处出现整个地球的第三个间断面，即女科学家莱曼发现的内外核界面，横波再度复出，纵波速度渐渐增大至 11.2 千米/秒。物质的密度从地表比水的密度略大些，到地壳的 2.7 克/厘米³，逐渐增大到上地幔的 3.5 克/厘米³，抵达下地幔时达到 4.3 克/厘米³，并保持逐渐增大的趋势，抵达核幔边界时为 5.7 克/厘米³，进入主要由铁元素构成的地核后密度可以高达 10～13 克/厘米³。

2. 给地球做 CT——捕捉三维的地下未知世界

一维地球参考模型固然简单、美妙，是理解地球历史、演化和物质构成的基础，但还远远不够，还需要对地球做全方位的三维立体扫描，让它的"模样"从内到外、由浅入深地完全呈现在我们面前。如何去做呢？医学上有一种电子计算机断层扫描（CT）检测，身体的哪个部位不舒服了，医生会开个单子让患者去做 CT。仪器接收到的射线强度反映了人体内的密度变化，或人体组织吸收、影响射线的方式。例如，对患者脑部或某个器官做全方位扫描后，医生对不同切片的影像图分析后就可以诊断出异常体或肿瘤所在的位置。买西瓜时，用手轻拍西瓜的不同部位、听听声音，有经验的人就能判断出西瓜的好坏，这就是一种最简单的"声波成像"应用。

把这个思路套用过来，我们也可以给地球做三维 CT 成像，专业术语就是"地震波成像"或者"地震层析成像"（seismic tomography）（图 1-12）。但地震层析成像远比医学 CT 要复杂得多：医学 CT 中用的光源是 X 射线，光源和接收器可以均匀、密集地分布在"疑似问题器官"四周，射线完全走的是直线。给地球做 CT 用到的射线源是地震震源，地震射线路径不是直线而是曲线的，且射线弯曲的程度本身就和我们要探测的速度结构

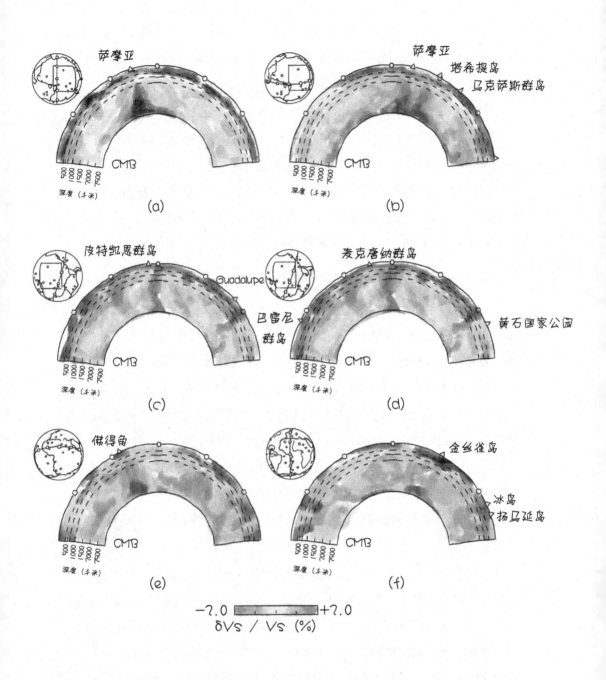

-2.0 ▭ $+2.0$
δVs / Vs (%)

图 1-12 给地球做三维成像

下降的俯冲板块，上升的地幔柱，横向、纵向上的物质能量交换是
最真实的地球内部生生不息运动的写照

相关，还有那些弯弯绕绕的反射、透射、衍射波等；射线源——地震的分布也很不均匀，完全不受控制，所以地震数据是不完备的；而接收点（即地震台站）只局限地布设在部分地区，疏密无序，也不可随意增设；地震发生的时间和地点并不十分确定，有的本身就要加入最终速度结构的反演过程中去；人为读取震相走时的过程中，不可避免地会出现各种误差和错误。这些客观问题的存在导致给地球这个庞然大物做 CT 成像远比给人脑做 CT 困难得多，需要在数据的搜集、处理，反演理论和实践等不同层面加以改进和创新，才能获得可信的地球内部速度成像结果。

地震层析成像可以根据研究尺度分为全球及区域成像，根据采用的震相分成体波成像、面波成像，也有基于射线理论的地震波走时层析成像和考虑到地震波有限频率传播效应而产生的有限频地震波层析成像，还有目前极具发展前景的利用整个地震波形信息的全波形成像。成像结果通常是用相对平均速度的扰动值给出，用不同的颜色标示出来，这样就可以清楚地看到地下深部哪些区域的速度偏离平均值，更快或者更慢。由于速度受温度、矿物弹性模量的影响，这些区域的速度异常也就暗示着热、化学状态或矿物组分的差异，也正是我们孜孜以求的问题。地震层析成像最卓越的贡献在于揭示了地球内部存在不同尺度的不均匀体，表明地幔内部不是沉寂一片，而是以对流方式发生物质、能量的交换。冷的、重的海洋板块在海沟处俯冲进入地壳、上地幔，与周围的地幔物质发生相互作用，有的会发生弯折，大规模停滞在地幔过渡带内，有的穿过上下地幔间断面停在一千多千米深的下地幔，有的则落在核幔边界上。究竟是什么因素决定了板块的不同俯冲行为呢？是俯冲板块和地幔物质的流变性？是一些动力学参数，还是板块初始俯冲的运动学条件？这些都是俯冲动力学研究中的热点争议问题。另外一些火山、热点分布地区则存在明显的低速上涌流，有的来自核幔边界，有的则来自浅部的上地幔。太平洋和非洲下方有两处著名的超大型低剪切波速异常区（LLSVPs），面积占到核幔边界总表面积的

30%，科学家们认为这与地幔柱起源、地幔化学储库等有关（图1-12）。

3. 用"噪声"给地球做CT

临近本章的尾声，带给大家一个惊喜。你可能想象不到，噪声也可以用来提取地下结构信息。地震背景噪声（seismic ambient noise）是一种由人类或环境活动产生的地震波动，可以被地震仪器记录到，体现在地震图上就是背景图上持续不断地摆动的波形"折曲"。它们来自大气变化、海浪拍打海岸、洋流活动等无时无刻都在发生的背景活动。这些波动在每个方向上都可以产生，然后随机传播，完全不同于传统意义上的由地震、火山或人工爆破产生，以一定方式传播到台站的"有用"波场信号。在21世纪，这些看起来毫无规律可循的波动竟也被证明携带着重要的地下结构信息。

对"噪声"的利用要归功于科学家们对地震波理论的深入研究及大胆尝试。科学家们对两个台站记录到的噪声信号做彼此间的互相关，再通过一系列巧妙的信号处理，就可以提取出这两个台站之间的"格林函数"，即反映地球结构特点的"介质响应函数"（图1-13）。其实早在20世纪50年代，地震学家安艺敬一（Keiiti Aki）就已提出这种将"噪声"转化为研究地球内部结构有用信息的想法。1968年，地震勘探学大咖克拉伯特（Claerbout）则具体提出利用地下某一深度的源在地表记录的自相关函数获取层状介质反射响应的想法，但在地震学上的成功应用却是近十几年的事情。

2005年，《科学》（Science）刊发了首次利用"噪声"记录获取美国加利福尼亚地区瑞雷面波群速度的研究，掀起了利用地震背景噪声研究地球内部结构的热潮。很快，研究从早期的局部地区扩展到大陆尺度，乃至全球尺度成像，可提取的面波周期也向更短和更长两个端元不断扩展，直至振幅原本微弱的体波震相也被陆续提取出来。研究内容从单纯的面波频

对噪声做互相关

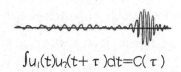

$$\int u_1(t)u_2(t+\tau)dt=C(\tau)$$

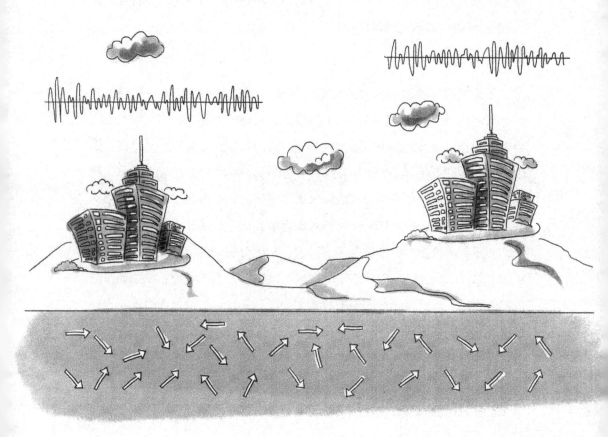

图 1-13　用噪声给地球成像

散曲线提取，到速度成像，再拓展到各向异性、衰减结构、地幔间断面结构变化，以及台站时钟偏差校验、地震定位等多个方面的研究。地震背景噪声研究巧妙地避开了传统地震研究中的事件局限发生在某些特定区域的问题，由台站造就的"虚拟震源"让人们能够获得更均匀、更广泛的地震波采样，从而更加准确地提取地下三维结构特征。总之，基于地震干涉理论的地震背景噪声成像一跃成为21世纪地震学研究的热点领域。每年的美国秋季地球物理学大会上都有大量的口头报告和墙报报告向大家展示与"噪声"相关的最新工作进展。

4. 结语

无论采用哪种地震信号给地球做层析成像，本质上都是一个反演问题，都是利用已知的各种类型的观测数据，对地球内部的结构、物性给出合理的推演、建立地球模型的过程。地球内部的参数很多，我们获得的地震波数据仅是对地球内部部分区间的采样，因此真实地球的反演问题总是欠定的，也表明反演问题的解永远不唯一。我们遇到了一个没有标准答案的开放难题，但地球科学家们可没有放弃这个让地球"透明化"的梦想，而是从理论发展、方法创新的层面不断出奇招，利用各种可以获得的震源，如能量巨大到可以穿透地球内核的地震波、人工爆破、绿色环保的气枪阵列源、地震记录曲线中的背景"噪声"信号，可谓十八般武器样样使用。我们的梦想只有一个——让地球像水晶球一样透明地呈现在人们面前。不可否认，这条路还很长，但已过去的一个世纪的成果显示，我们已经从大尺度向小尺度、从粗糙的轮廓向"枝丫"的细节逼近，我们已经在路上，并且已经在飞速接近梦想的路上……

第二章　地球初年大事件

在地球形成的初始阶段，发生了许多重大事件，其中最引人注目的是大撞击和岩浆洋事件。两个星体超大规模的撞击形成了月球，同时在地球上形成了广泛的岩浆洋。这些大事件极大地影响了地核和地幔的成分，建立了地球长达几十亿年演化的起始点。更重要的是，正是由于这些重大事件的影响，地核才获得了推动地磁场长期运转的能量，地球在磁场的保护下，才有水、有生物，也才有了我们。那么，这些重要的大事件的具体过程是什么？地核又从这些事件中获得了什么神秘的能量使得它能不断运转几十亿年？现在就让我们开始讲地球形成初始时的故事吧！

一、地球形成初年都发生了哪些大事件

（一）太阳系行星形成基本路线图

　　目前科学家通过大量的研究构建了一个基础性、框架性的太阳系行星形成历史的标准模型。如图 2-1 所示，这个历史大致分成四步。第一步是星子（planetesimal）阶段，在这个阶段里，太阳系星云塌缩后，气体与灰尘（gas and dust）凝聚成直径约为一到几千米的星子。第二步是星胚（planetary embryo）阶段或快速吸积阶段（runaway accretion），星子在 1 万～10 万年中相互碰撞、聚集成直径约一千千米的星胚。第三步是寡头吸积阶段（oligarchi accretion），几百个较大星胚继续吸收合并剩余星子，整个过程需要几十万年。最后一步，即第四步，是融合阶段（merger stage），星胚变得足够大，开始互相影响、互相撞击，最后形成我们现在

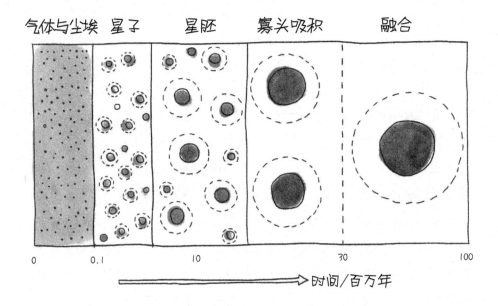

气体与尘埃　星子　　星胚　　寡头吸积　　融合

0　　　0.1　　　　　10　　　　　30　　　　100

时间/百万年

图 2-1　行星形成过程

看到的太阳系。所有步骤在 1 亿年之内完成。这个 1 亿年就是我们定义的"地球初年"。如果地球现在 46 岁，那我们要讲的就是地球在 1 岁之前发生的那些事情。

图 2-1 中横轴时间的零点代表的是太阳系行星系统开始形成的时间，由太阳系最早也是最难熔的固体富钙铝包体（calcium-aluminium-rich inclusion，CAI）的年龄确定，距今 46 亿年。这个年龄是根据放射性同位素铀衰变成铅同位素来确定的。图中虚线标示出形成月球的大撞击发生的时间大致为 30 个百万年。这个时间是通过灭绝核素的方法确定的。目前对这一时间还有一些争议，引起争议的原因主要是地球长大过程有多种可能性，包括星体之间的撞击过程、撞击的角度、撞击星体的大小、撞击后核幔分异过程，以及分异过程核和幔之间的平衡程度等多种可能性。图 2-1 中每个圆代表一个星体，中间黑色部分代表这个星体的核，外圈的白色部分代表这个星体的幔。核的主要成分为铁、镍，较重，幔的主要成分为硅酸盐，相对较轻。图 2-1 中可以看出，各种星体的核和幔很早就处于分离的状态，这是由于在太阳系早期的高温下，核和幔同时处于液态，液态下核和幔分开（核幔分异）很容易快速完成。星体的聚合过程就是合并同类项，两个相撞的星体的核和核合并，幔和幔合并。

从上面的描述可以看出，行星的形成过程是一个非常剧烈的过程，涉及无数次的碰撞。在这样的一个过程中，地球是如何一步一步地长大的呢？星子、星胚物质是如何一步步累加到地球上的呢？可以设想一个比较简单的情况，如火星的质量是地球的十分之一，可以想象从一个火星质量的星球开始，连加 9 个火星来形成地球，也可以采用一种对数指数形式来表示地球质量随时间的增长。按对数指数生长曲线，地球在开始时长得快，然后慢慢变慢。实际上，什么时间附加到地球上什么质量的物质很可能是随机的，地球可能的成长路径是非常多的，每次附加到地球上的物质成分也是变化的。目前设想的地球的具体生长路径千变万化。但不管采用哪种成长模型,最后获得的地球成分都需要与我们现在观测到的地核和地幔的成分进行对比,来验证模型的正确与否。所以,了解地核和地幔的成分是我们探索地球生长方式的基础。

从星云塌缩开始到形成整个太阳系的行星分布系统,再到我们地球的结构和成分分布,从大到小,整个过程是异常复杂多样的。对它们的研究成果和资料是非常的丰富,但同时我们对整个过程的认识依然充满了未解之谜。要想把整个过程说清楚,需要一本或者很多本很厚的书。而在这个小小的章节里,我们只能聚焦到我们居住的这个星球在其形成过程中,都有什么引人入胜的和关键性的大事件发生?这些大事件对地球的演化都起了什么作用?对我们人类都有哪些重大的影响?下面我们首先看看在地球形成的初始阶段都发生了哪些大事件,然后看看这些大事件所产生的后果是什么,最后看看这些时间上距离我们如此遥远的大事件是如何与我们人类的生存密切相关的。

(二)巨行星也玩漂移

太阳系里的行星明显分为两大群体。一类行星是类地行星,包括水星、金星、地球和火星。其中火星的质量只有地球质量的十分之一,围绕太阳旋转的轨道半径为 1.5 个天文单位①。这四颗类地行星距离太阳较近,主要由岩石组成。另外一大类行星是类木行星,包括木星、土星、天王星、海王星。它们主要由气体组成,个头较大,距离太阳相对较远。木星的半径是地球的 11 倍多,体积是地球的 1300 多倍,质量约是地球的 318 倍,也是所有其他行星加起来质量的 2.5 倍,木星围绕太阳旋转的轨道半径约为 5.2 个天文单位。这两类行星之间隔着小行星带,小行星带占据了太阳系 2.3~3.3 个天文单位的位置。

---

① astronomical unit,AU,1 个天文单位就是地球到太阳之间的平均距离,大约 1.5 亿千米。

有一种模拟太阳星云塌缩成星云盘后星云盘中粒子聚合过程的方法叫多体吸积模拟（n-body accretion simulation）。这个方法可以用来模拟在各种力的作用下，多个物体的相互作用，包括碰撞、吸积和合并。科学家用这种方法进行了大量的模拟，结果发现要想在模拟中形成火星非常困难。在火星的位置形成的都是个头较大的行星。科学家对此百思不得其解。一直到 2011 年沃尔什（Walsh）等通过采用大塔克多体模拟（grand tack n-body simulation）才解决了这一问题，获得了与太阳系相近的行星分布特征。这一假说也被称为大塔克模型（grand tack model）。我们知道，帆船顺风和逆风都是可以行驶的。tack 这个词本身的含义是指帆船比赛时帆船绕过浮标改变航向，科学家用这个词来描述巨行星先向着太阳方向行进，然后向离开太阳的方向漂移。

具体的漂移过程是这样的，太阳系中的大家伙木星和土星形成于以气体为主的原始星盘，形成时间较早，只需要几个百万年。为什么它们形成的时间较早？正如我们在图 2-1 中展示的，太阳系在早期曾经有数百个星胚同时存在。它们相互碰撞，个头大的星胚占有优势，撞向它的星胚就会被吸收，并且星胚越大越吸引其他星胚撞向它，长得更快。当然，科学家还有更巧妙的方法确定这些大行星的形成时间，如通过铁陨石年龄的不同[1]。当这些大家伙形成时，仍然有大量的气体在围绕太阳旋转。巨行星在气体的裹挟下，慢慢向太阳靠拢，一直到 1.5 个天文单位处，也就是现在火星的位置。当然，那个时候还没有火星。这个时候土星登场了。土星形成后，和木星一样，也慢慢被裹挟着朝向太阳移动。一旦这两个巨行星相互靠近，它们的命运就紧密地结合在一起了。慢慢地，木星和土星之间的气体被驱散，木星朝向太阳的"死亡之旅"停了下来，并开始向离开太阳的方向漂移，一直到漂移到它现在的位置，约 5.2 个天文单位。

---

[1] 参见 Thomas Kruijer 等于 2017 年发表在《美国科学院院报》（PNAS）上的文章。

长期以来，科学家一直在困惑为什么火星和木星之间的小行星带同时由干燥的岩石和冰块组成。一些科学家也曾认为木星有可能向太阳移动，但这将产生一个严重的后果，小行星带内物质将被木星驱散，小行星带将不再存在了。这一认识严重限制了科学家的想象力，低估了木星的巨大作用。大塔克模型认为，木星移动慢，只会干扰小行星带内物质，并将小行星带向外推，即小行星带与木星像跳舞一样，互换位置，木星跑到小行星带的位置上。以同样方式，当木星向外移动时，木星又把小行星带推回它原来的位置。同时，由于木星还进一步向外移动，就将外面的冰块也推向了小行星带。大塔克模型完美地解释了为什么小行星带同时由岩石和冰块组成，以及岩石和冰块这两类物质的相对位置。

　　大塔克模型的另一个厉害之处是解释了为什么火星是个小个头。这是因为木星在内太阳系停留了一段时间，将内太阳系的一些物质向太阳方向压迫，使得没有足够的物质形成大个头的火星。总之，太阳系行星分布的架构是和巨行星的漂移的大塔克机制密切相关的。

　　关于太阳系行星的形成过程还有一个非常著名的模型——尼斯模型（the Nice model）。尼斯模型由四位科学家于2005年同时在《自然》（Nature）上发了3篇文章来确定，以法国蓝色海岸的著名城市尼斯来命名。大塔克模型与尼斯模型在木星、土星和其他巨行星位置上有很好的一致性。感兴趣的读者可以进一步阅读这些文章。

　　人们在探索太阳系外行星系统时发现了大量离恒星非常近的大行星，接近现在水星的位置，科学家把它们称为热木星。与这样的行星系统对比，我们自己的太阳系的行星系统就显得非常奇特，因为我们的巨行星是在离恒星较远的位置。大塔克模型表明巨行星实际上是可以来回移动的，这样的对比研究使我们认识到太阳系其实是一个非常正常的行星系统。

　　沃尔什等的工作为后续进一步的工作建立了一个漂亮的起点。2015年，德国拜罗伊特大学的D. C. 鲁比（D. C. Rubie）等在多体吸积模拟的数据上叠加了地核和地幔的化学成分，即根据星子和星胚与太阳的距离，赋予多体中每个个体一定的化学成分。模拟过程中多体相互撞击，然后进行核幔分异过程（图2-2）。最终将获得行星的分布和化学成分，并与现在太阳系行星分布和化学成分进行对比，来探索太阳系行星形成的过程。这种将行星形成过程的多体吸积模拟和核幔分异的成分模拟紧密结合的方法极大地加深了我们对太阳系行星，特别是地球早期形成过程中许多细节的认识，是一项非常精彩的工作。他们发现，在地球的长大过程中，与地球融合的星子在化学成分上必须是变化的，来自靠近太阳的0.9～1.2天文单位的星子在成分上是高度还原的，而超过这个距离的撞击体的氧化程度是不断增加的。另外一个很有意思的观测是撞击地球的撞击体的铁核在与地核的融合过程中，撞击体的铁核的绝大部分（70%～100%）只与一小部分原始地球（protoearth）的地幔有化学平衡。这改变了过去撞击体的铁核要与整个地幔平衡的观点。他们还发现，地球上的水是在地球形成过程中逐步加入的，而不是在地球形成之后一次性加入的；地幔中的水是由水冰含量超过20%、距离太阳超过6～7个天文单位的撞击体形成的。位于太阳系雪线和6～7个天文单位之间的水冰体不会对地球水含量做出贡献，因为它们都被木星和土星吸积过去了。在所研究的模型中，水的加入是在地球已经长大到现在的60%～70%之后。另外，他们还探讨了地球形成过程中岩浆洋的深度，发现岩浆洋深度在核幔边界深度的60%～70%。嗯，这项工作发现的东西真是不少啊！这充分展示了不同研究方法交叉融合使用的威力。

（三）大撞击

下面就来说说这一章最关切的大事件——大撞击（The Giant Impact）。根据图2-1的太阳系行星形成路线图，地球在形成过程中应该经历了很多次的撞击。我们现在说的这个大撞击的英文叫作The Giant Impact，英文

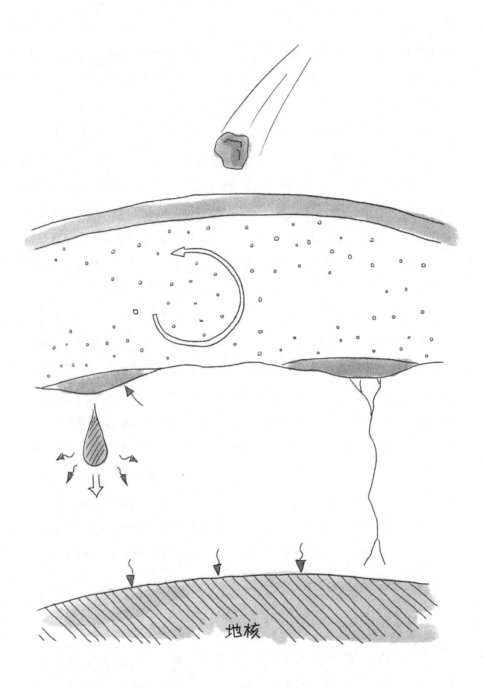

图 2-2 核幔分异过程

是带 The 的，Giant 和 Impact 的首字母还是大写的，特指形成了月球，并且是地球所经历的最后那次大撞击。这次大撞击产生了月球，对地球本身也产生了深远的影响。

我们都知道，那个写了非常著名的《物种起源》的人叫作达尔文。他的儿子小达尔文——乔治·达尔文（George Darwin）在英国剑桥大学当天文学教授期间，于 1898 年提出了月球形成的分裂说（fission theory）。该学说认为月球是从地球上由于离心力甩出来的。该理论一经提出就一直在学术界占有优势。直到 1946 年，哈佛大学的雷金纳德·奥尔德沃思·达利（Reginald Aldworth Daly）才开始挑战月球形成的分裂说，提出月球是由撞击形成的。但这个撞击形成月球的假说一直没有在学术界引起关注。另外两个关于月球形成的假说分别是捕获说（capture theory）和轨道说（orbit theory）。捕获说认为月球形成于太阳系其他地方，然后被地球捕获。轨道说认为形成月球的物质先被捕获到地球轨道上，然后汇聚形成月球。

即使随着阿波罗（Apollo）计划的逐步开展，科学家也很少改变他们的观点，上面每种月球形成观点都有一些科学家支持。一直到 1974 年，威廉·肯尼斯·哈特曼（William K. Hartmann）和唐纳德·戴维斯（Donald R. Davis）受苏联天体物理学家萨夫罗诺夫（Safronov）星子吸积学说的启发，在一次卫星会议上提出大撞击理论，并把它发表在次年出版的 Icarus 杂志上。他们认为，接近行星形成末期，卫星大小的星体可以与行星相撞或者被行星俘获。其中一个星体与地球相撞，溅射出难熔并且挥发分少的物质到地球轨道，然后这些物质凝聚形成月球。

1976 年，一个类似的模型由哈佛大学天文学教授阿拉斯泰尔·G.W. 卡梅伦（Alastair G.W. Cameron）和他的博士后威廉·R. 沃德（William R. Ward）提出。卡梅伦还是恒星内部核聚变（stellar nucleosynthesis）生成元素理论的开拓者。他们认为，一个火星大小的星体与地球发生擦边碰撞（就像打擦边球一样），被撞击星体的外层硅酸盐部分大部分气化，而其核心部位不会气化。这样被撞击到地球轨道的物质大部分为硅酸盐，这些硅酸盐最后凝结形成月球。

但即使这样，大撞击理论也没有引起什么反响。直到 1983 年，在一次在夏威夷科纳举行的月球起源会议上，大撞击假说成为月球形成的主导性假说，并一直保持至今。

为了对大撞击理论进行测试，哈佛大学的威利·本茨（Willy Benz）、洛斯·阿拉莫斯国家实验室的韦恩·L. 斯莱特里（Wayne L. Slattery）、亚利桑那大学的 H. 杰伊·梅洛斯（H. Jay Melosh），与卡梅伦合作，用超级计算机开始了计算模拟。科学家们采用的是一种叫作光滑粒子流体动力学（smooth particle hydrodynamics，SPH）的方法来模拟立体三维空间星际大碰撞，确定碰撞时有多少质量的物质将离开地月系统，地球轨道上将会有多少物质，它们的铁和岩石的比例是多少。他们发现，撞击体的大小大约为 1.2 个火星，撞击时角动量与现在月地系统角动量一致，撞击体轨道与地球区别不大。

这个撞击体被起了一个名字，叫 Theia（英文念 /θiːə/），是月球母亲的意思，中文翻译成忒（tè）伊亚。按照古希腊神话，地球（Gaia）和天空（Uranus）生下女儿忒伊亚，忒伊亚生下太阳和黎明。看来古希腊神话时代的古人们，和我们的古人一样，也认为天地为大，地球是宇宙的核心，太阳居然是孙子辈的。显然，神话是根据当时人们对自然界的认知水平编出来的。

大撞击假说为什么慢慢得到大家的承认和接受呢？这是因为大撞击假说能够解释很多观察到的现象，如地球-月球系统的角动量、地球较大的铁核和月球较小的月核。地球和月球不同的核幔比例是因为撞击时地核已经形成，大撞击撞出来的碎屑主要来源于贫铁的岩石地幔，而撞击体的铁核与地核融合。这也就是为什么地球的平均密度为 5.5 克/厘米³，而月球只有 3.3 克/厘米³。月球形成假说中，捕获说解释不了为什么月球密度低和缺少铁，而分裂说解释不了月地系统的角动量和能量分布。

当然，大撞击假说本身也不是完美的，也遇到不少难点，即难以用大撞击假说解释的现象。其中一个难点是如何解释月球与地球在氧、钨、铬和钛同位素成分上的完全一致问题。同位素的含义大家都知道，是指两个或几个原子对比，原子核中的质子数相同，它们在元素周期表上占据同一个位置，但原子核中的中子数不同，导致最终原子质量不同。这几个质子数相同、中子数不同的原子互称为同位素。许多过程会造成元素同位素成分不同，整个太阳系中不同的星球由于各种因素的影响，如物质来源、所经历的形成过程不同，都会在同位素成分上有所不同。坎普在 2001 年通过大撞击模拟研究发现，月球应该由 60% 的撞击体和 40% 的地球物质组成。由于撞击体和地球形成于太阳系不同半径的轨道上，而太阳系中的物质成分根据轨道半径的不同而不同，因此撞击体和地球就会具有不同的成分，这样月球和地球也就应该具有不同的成分，而实际观测是月球和地球的许多同位素成分完全相同，这样就产生了矛盾。虽然经过了很多年，但这一矛盾仍无法解决，科学家甚至开始对大撞击假说慢慢失去了信心。

为了解决这个矛盾，科学家想出了各种各样的办法。一个办法是大撞击后溅射出来的物质与地球地幔物质经历了一个均匀混合的过程，这样造成月球和地球成分的一致性。还有人通过大量的模拟发现撞击体有一定的概率和地球当时处于同一个绕太阳轨道上，成分恰好一致。

总之，大撞击事件的许多细节仍然是地球科学的重要科学问题之一，包括撞击体的撞击角度、撞击体的大小、撞击体的成分等。有很多优秀的科学家对这一问题开展深入研究，研究手段包括使用高精尖的动力学模拟，或者通过建立地球化学精细而又复杂的模型。这些成果也由于科学问题的重要性和有趣性，经常发表在国际顶尖的《自然》和《科学》期刊上。这些研究使得我们对地球早期历史的认识不断深入。

（四）岩浆洋

皎洁的月亮挂在星空，仔细观察，你就会发现月球表面大部分为亮白色，其间分布一些暗色部分。这些高亮的白色和暗色都是由什么物质组成的呢？

1969 年 7 月 20 日，搭乘阿波罗 11 号登月的美国宇航员尼尔·奥尔登·阿姆斯特朗（Neil Alden Armstrong）站在月球的表面说 "That's one small step for a man, one giant leap for mankind（那是一个人的一小步，却是人类的一大步）"。随后他带回了采自月球的样品。同年，当时还在史密森天文物理天文台工作的约翰·伍德（John Wood）从细细的、黑乎乎的月球土壤样品中筛选出了 2～4 毫米的岩石碎屑。在一大片黑乎乎的岩石碎屑中，他发现了一些白白的斜长石颗粒。就是这么一点点的观察，加上深厚的岩石学功底，点亮了他的想象力，提出了对行星形成具有极其重要意义的岩浆洋假说（magma ocean hypothesis）。该假说认为，行星在形成初始过程中，其表面经历了广泛的熔融过程，行星表面直达内部一定的深度不是由固态岩石组成的，而是充满了岩石熔化后形成的岩浆。在岩浆冷却结晶过程中，斜长石由于空架状的晶体结构，密度较低，将在岩浆洋中上浮，最后在月球表面聚集形成斜长岩。月球上的斜长岩非常古老，年龄达到 44 亿岁，和地球的年龄差不多，代表了月球最古老的地壳。岩浆洋结晶出来的辉石和橄榄石，由于其晶体结构较紧密和含铁，导致它们的密度较高，在岩浆洋中下沉，形成月幔。月球上暗色的部分是玄武岩，是由月幔溶出的岩浆形成的。

证明月球所有那些高亮的部分都是由斜长岩组成则是在 25 年之后的 1994 年，由美国克莱门特计划（Clementine mission）来完成。"克莱门特"这个词有多个有趣的含义。其中的一个意思是指一种由柑橘和酸柑杂交生成的小柑橘，用来描述由美国军方和美国国家航空航天局（NASA）合作的这个小型项目是再合适不过了。该单词的另外一个含义是取自一首叫作"哦,我亲爱的,克莱门特"(Oh, my darling, Clementine)的歌的歌词,里面有一句"你已经迷失了方向,永远消失了"(You are lost and gone forever),因为克莱门特飞船将在执行完任务后彻底消失在外空中。克莱门特飞船上的多台光学相机,包括可见光、紫外、红外等相机,扫描了整个月球表面,第一次为人们提供了月球整个表面的多光谱图像。最后科学家根据阿波罗号返回的样品建立月球岩石含铁量和反射光谱的关系,证明了月球上大面积的斜长岩分布,从而最终证实了岩浆洋假说。

岩浆洋假说开辟了我们研究地球早期历史的一个新思路,人们很快就意识到地球早期也应该经历了岩浆洋过程。那么,地球经历了什么样的岩浆洋过程呢?岩浆洋过程持续时间有多久?岩浆洋的深度有多少?科学家又是怎么知道这些在如此遥远的过去所发生的事情?

岩浆洋模型可以用图2-3来说明。在地球长大的过程中,由于星子的不断撞击,地幔处于全部或者部分熔融状态。全部熔融状态是指整个地幔从地表到核幔边界都处于熔化状态,整个地幔全部由硅酸盐岩浆组成。部分熔融状态是指地幔上部处于熔融状态,由硅酸盐岩浆组成,而下部已经固结,由硅酸盐矿物颗粒组成,这就是图2-3所示的情况。地幔从一个全部熔融的状态逐步冷却,变成部分熔融的状态,再到全部固结的状态的具体过程需要我们知道地幔岩石的熔融曲线和地幔熔体的绝热温度曲线。首先,我们要看岩石熔融曲线与处于熔融状态的地幔绝热温度曲线的交点在哪里。交点在深部,地幔就从深部开始结晶;交点在浅部,地幔就从浅部开始结晶。然后看先结晶出来的矿物是什么、其密度与岩浆密度的差别。如果结晶出来的矿物密度比岩浆的大,该矿物结晶出来以后就开始下沉(如橄榄石);反之,就上浮(如斜长石)。对地球而言,熔融曲线与绝热曲线的交点在深部,所以地幔从深部开始结晶。先结晶出来的橄榄石也会堆积到地幔的底部,形成如图2-3所示的固结地幔在下面、熔融地幔(岩

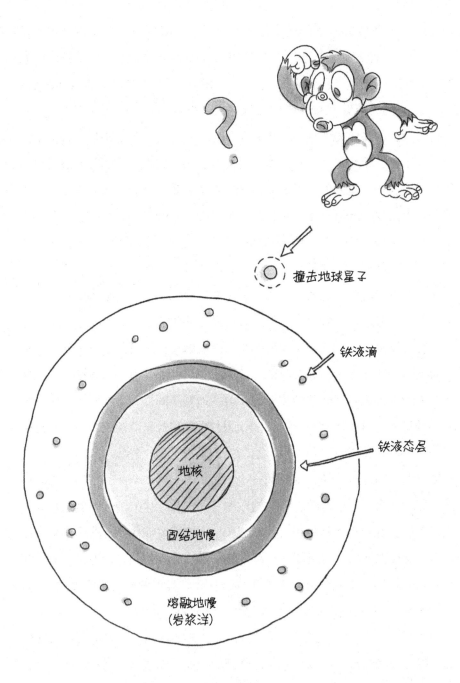

撞去地球星子

铁液滴

铁液态层

地核

固结地慢

熔融地慢
(岩浆洋)

图 2-3　地球早期岩浆洋与核幔分异过程

浆洋）在上面的结构。还有一种情况是，先结晶的矿物堆积在地幔底部，后结晶的矿物（如富含铁的矿物）比先结晶的矿物密度大，堆积在密度低的矿物上面，形成不稳定结构，这个时候地幔就会发生反转（overturn）。

如图 2-3 所示，在部分地幔固结、部分地幔熔融的结构下，撞击地球的星子被撞击过程撕裂，其硅酸盐部分与地幔混合，其核成为液滴状，散落在熔融地幔（岩浆洋）中。由于铁液滴较小，液态铁和熔融地幔可以达到充分的化学平衡。由于重力作用，这些液滴下沉，不断堆积在已经固结的地幔顶部，形成图 2-3 中的铁液态层。堆积到一定程度，这一层液态铁由于重力作用，以大块熔体的形式，穿过固结地幔，进一步下沉，进入地核，与地核最终融合在一起，具体过程如图 2-2 所示。在穿过固结地幔这一阶段，熔体体积较大，不能及时与固结地幔达到化学平衡，因此进入地核的成分记录的是处于液滴状态时的深度。以上这个核幔分异模型是由加州理工学院的大卫·J. 史蒂文森（David J. Stevenson）教授在 20 世纪 80 年代提出的。随后发展的模型进一步考虑到各种更复杂的液态铁与地幔相互作用不平衡的情况。例如，在 2010 年，拉奇（Rudge）、克莱恩（Kleine）和博登（Bourdon）考虑到只有一部分铁与整个地幔平衡的情况，而在 2015 年，鲁比等更进一步考虑到只有一部分铁和一部分地幔平衡的情形。不同的平衡情况对地幔和地核成分均有较大影响。

那几十亿年前发生的岩浆洋的深度是怎么知道的呢？科学家确实有巧妙的办法知道在如此遥远的时间前所发生的这些事件的大致情形。科学家应用了亲铁元素（siderophile）的性质，根据地幔中亲铁元素的含量来计算岩浆洋深度。什么叫亲铁元素？这个概念我们在后面还会讲到，这里先简单说一下。亲铁元素就是喜欢跟铁待在一起的那些元素。在地球形成早期的核幔分异过程中这些元素趋向进入地核。这样的元素有很多，如铁在元素周期表上的两个邻居钴和镍。钴和镍有一个很有用的特点，就是它们的亲铁性随着压力的增加而降低。压力越高，它们的亲铁性就越低，导致它们在地幔中的含量就很高。科学家通过高温高压实验测量钴和镍在硅酸盐岩浆和液态铁之间的含量比，结合这些元素在地幔和地核中的含量，就能够推测出核幔分异发生在什么压力下。地幔亲铁元素的含量表明地核和地幔在压力大约为 40 吉帕时进行了分离。40 吉帕相当于地球内部 1000 千米深度处的压力，因此地幔岩石中亲铁元素的含量证明了地球形成时有一个很深的岩浆洋的存在。

（五）后增薄层

地球早期形成过程中发生的最后一个大事件应该算是后增薄层（late veneer）事件了。我们在前面说过，在核幔分异过程中，亲铁元素更愿意待在地核里，它们在地核里的含量比在地幔里的含量高很多。描述元素亲铁的程度一般用配分系数（partitioning coefficient）来表示。配分系数的定义是某个元素在铁相里的质量百分比除上它在硅酸盐相中的质量百分比。强亲铁元素有金、铼、铂族元素。强亲铁元素的配分系数甚至可以达到 10^8。金在铁和硅酸盐之间的配分系数大约为 10^3。地核和地幔的质量比大约为 1:2。也就是说，地核和地幔所含黄金的比例大约差 500 倍，地球上的大部分黄金都在地核里。而超强亲铁元素锇和铱的配分系数接近 10^8，核幔分异过程使得地幔中基本上没有这些元素了。

碳质球粒陨石是一种富含挥发分的陨石，由于其成分与太阳光层除去一些非常高挥发性的元素外的成分有很好的一致性，同时太阳占据了整个太阳系质量的 99.8%（地球质量大约只有太阳质量的百万分之一，即所谓的ppm[①]级），因此碳质球粒陨石的成分一般被作为地球原始总成分的代表（地核＋地幔）。当然，这只是一个假设。地球是由碳质球粒陨石组成，还是由其他成分的陨石组成，地球的总体成分到底是什么，目前仍然是地球

———————————

[①] 1ppm=1 毫克 / 千克。

科学的未解之谜，是地球科学的基本问题。在假设地球是由碳质球粒陨石组成的情况下，碳质球粒陨石的元素化学成分经常被用来作为分母，与作为分子的地球岩石的元素化学成分进行对比，探索地球岩石曾经经历的各种过程。这是地球化学家经常使用的一种巧妙的方法。具体来说，通过与最初的、最原始的成分对比，如果地幔缺失某一种元素，而我们知道某种地质过程会造成这种元素的缺失，就可以推测地幔曾经经历了这一地质过程。地幔超强亲铁元素与没有经过成分分异的球粒陨石的成分的比值应该接近配分系数，在 10^{-8} 级别。但实际情况是，地幔里锇和铱的含量与球粒陨石的含量的比值大于 0.001，即地幔里含有太多的超强亲铁元素。地幔里本来是不应该有这么多强亲铁元素的，因为地幔经历了核幔分异过程，其中的强亲铁元素都被搜刮到地核里去了，可实际一测量，地幔里还是含有很多强亲铁元素，这是怎么回事呢？

　　科学家的想象力在此再次发挥作用，他们提出一个大胆的想法，超强亲铁元素含量高是因为月球形成及地球上的核幔分异完成以后，又有新的物质（如碳质球粒陨石）加入地球，这个新加入的物质名字就叫"后增薄层"，其质量大约为地球质量的 0.5%。这些新加入的物质由于躲开了地球的核幔分异过程，超强亲铁元素就能够保留在地幔中，造成地幔中这些元素的含量比预想的高。后增薄层的加入时间大致与在月球上根据陨石坑数量所发现的晚期重轰炸（late heavy bombardment）的时间一致，大概是富钙铝包体形成后约 4 亿年左右，也就是距今 41 亿年左右。

　　科学家进一步推论，认为后增薄层除了带来亲铁元素外，还带来很多挥发分，特别是水。但是，新的证据反对这一观点。马里奥·费舍尔-戈德（Mario Fischer-Gödde）和索斯坦·克莱恩（Thorsten Kleine）在 2017年发现元素钌同位素在不同陨石中的含量非常不一致。离太阳系中心越远，钌同位素的含量异常越大，与地球的区别也就越大。一般认为，富含水的物质来自离太阳系中心很远的地方，它们会具有与地球非常不同的钌同位素。因此，地球上的钌同位素成分证明后增薄层不会来自外太阳系，因为如果后增薄层来自外太阳系，那么地球上的钌同位素就不是现在这个样子了。后增薄层既然不是来自外太阳系，那么就不会富含水和挥发分，那后增薄层就不是地球水和挥发分的主要来源。这倒与前面介绍的鲁比等研究得出的地球上的水不是最后一次加的，而是在形成过程中不断加入的观点较吻合。

地球形成过程是否需要后增薄层这一假说目前还存在一定的争议，有人支持、也有人反对这个假说。其中的一个关键是高温高压下超强亲铁元素的配分系数。由于超强亲铁元素在硅酸盐中的溶解度极低，其在高温高压下的配分系数就非常难测量。只有解决了配分系数这个问题，后增薄层假说是否成立才能最终确定。这也是地球科学非常值得挑战的科学问题，因为它涉及地球各圈层成分的许多科学问题，包括地球各种挥发分含量的问题，特别是我们最关心的地球上水的来源问题。

二、大撞击如何影响地核成分

前面我们说了地球形成早期所发生的一系列重大事件有巨行星漂移、大撞击、岩浆洋、后增薄层等。这些事件极大地影响了地球随后的演化。下面我们就要谈一下大撞击的后果了。大撞击的一个非常重要的后果就是使地核获得了推动地磁场运转的神秘能量。这个神秘能量是什么呢？一切都需要从大撞击对地核的成分效应谈起。在本章的第二大部分我们先来探讨一下地核成分，然后在此基础上，在本章的第三大部分，我们再来探讨由成分效应所带来的那股神秘能量。

（一）给元素重新分分类

前面我们多次提到亲铁元素、亲石元素（lithophile）等，现在我们终于要把元素好好分类了。我们在中学都学过元素周期表，背得滚瓜烂熟。在中学时，元素周期表是怎么分类的？第一竖排碱金属，第二竖排碱土金属，然后一堆过渡金属、非金属，最后一竖排是惰性元素。这种划分基本上跟元素的化学行为和工业用途相关。做地球科学研究，就需要按照地球科学的要求对元素进行重新分类。被称为地球化学之父的戈德施密特（Goldschmidth）根据元素在地质过程中的表现将元素周期表中的元素进行了重新分类，一共有三种分类方法。

第一种元素分类是为了研究岩石的熔融过程。岩石发生部分熔融生成岩浆的过程在地球上是非常普遍的过程，如地幔岩石熔融生成玄武岩、地壳熔融生成花岗岩，我们想知道多少比例的岩石发生了熔融。为了研究这一过程，我们根据元素在熔化过程中不同的行为方式，将元素划分为两种类型：一种叫相容元素（compatible）；另外一种叫不相容元素（incompatible）。喜欢待在矿物中的元素叫作相容元素，不喜欢待在矿物里但喜欢待在岩浆里的元素叫作不相容元素。所以，相容与不相容都是针对组成岩石的矿物而言的。我们可以测量一下熔融出来的岩浆中不相容元素和相容元素的比例，就能够大致判断岩石经历了什么程度的部分熔融。不相容元素含量越高熔融程度越低。如果岩石全部熔融了，不相容元素和相容元素的比例就和原来的岩石一样了。

第二种元素分类是为了研究核幔分异过程。我们知道，地核主要由铁组成，地幔主要由硅酸盐组成。地球形成初始时一直在发生一个很大的分异过程，就是各种撞击地球的星子或者星胚的核进入地核，它们外层的幔进入地幔。在这样一个铁和硅酸盐分离的过程中，元素就发生了迁移。元素根据它们在这一过程中的不同表现，被划分成两种元素：一个叫作亲铁元素；另一个叫作亲石元素。亲铁元素就是当铁相和硅酸盐相分离时喜欢加入铁相的元素，如硫、镍、钴、钨、铂、金等。与此相对的就是亲石元素，如镁、钙、铪等，它们更喜欢待在硅酸盐当中。研究这些元素的成分变化情况，我们就能研究地球形成初始时刻的核幔分异过程。

第三种元素分类是为了研究岩石的气化过程。大撞击发生时，温度高到能够使岩石发生气化，这时元素就被划分为难熔（refractory）元素和挥发性（volatile）元素。科学家通过对元素的挥发性进行排序，看它们的变化情况，就能研究大撞击过程。例如，科学家发现地球难熔元素含量与球粒陨石基本一致，而挥发性元素缺失时，元素挥发性越强，在地球上的含量就缺失越厉害，这显然表明地球在形成过程中经历了高温过程，而这个高温过程最好的解释就是我们在本章第一节所介绍的各种撞击过程。

总之，将元素根据地质过程进行分类，研究岩石中这些元素成分的变化情况就可以反过来研究地质过程了。这种将元素按地质过程中的不同表现来分类的方法是地球化学的基础，在地球化学这门学科中有广泛的应用。知道了这些基本原理，在实际应用过程中，我们就比比看谁用得巧、用得妙、用得灵活了。例如，你要研究大撞击过程，那就挑选相容性和亲铁性一致但挥发性不同的元素进行对比研究，即挑选只受你要研究的过程影响而不受其他过程影响的元素来开展研究。

（二）地核成分大挑战

从第一章我们知道，通过地震学的方法，我们能够比较好地知道地核的密度。伯奇在1952年将地核密度与纯铁在高温高压下的密度进行对比，发现地核的密度比纯铁低，这就是著名的地核密度缺失（core density deficit）的概念。地核密度缺失表明地核中需要存在比铁轻的元素，也就是说元素周期表中原子序数小于铁的元素需要存在于地核中，以降低地核密度。这些元素因此被称为轻元素（light elements）。科学家特别想知道地核中这些轻元素是哪些元素以及它们的含量，因为这能帮助我们了解地球曾经经历的大撞击和岩浆洋过程。但是，获得地核成分是一个非常大的挑战，因为地核在地球深部大约3000千米深处，中间隔着厚厚的地幔，目前我们没有任何地核的直接样品可供分析。即使你有最高精尖的化学分析仪器，也是巧妇难为无米之炊。因此，获得地核成分成为地球科学里的一个重大挑战。科学家尽其所能，想出各种间接方法来获得地核成分。

目前科学家一般采用两种方法来探讨地核成分：一种是地球物理方法；另一种是地球化学方法。问题来了，什么叫地球物理？什么叫地球化学？地球物理和地球化学是两个学科的名字。简单地说，地球物理就是用物理学的方法研究地球，地球化学就是用化学的方法研究地球。下一个问题就是物理方法还能获得化学成分吗？实际上用物理方法获得化学成分的方法太多了，如各种光谱学方法、各种同位素质谱方法。那地球物理是用什么方法获得地核成分的呢？这就是地震学加上矿物物理学的方法。科学家通过地震学的方法获得地核的密度和波速，再与通过矿物物理学方法获得的各种成分铁合金在高温高压下的同样性质相比较，就可以推测地核成分了。这里需强调的一点是，需要同时利用密度和波速这两个非常重要的性质。但是地震学加上矿物物理学的方法有一个缺点，就是由于可以选择的轻元素较多，很多成分组合都具有相似的密度和波速，有可能造成结论的多解性。因此，这种方法通常需要与其他方法结合起来使用。其中一种方法是利用地球内核是固态介质、外核是液态介质的方法。固体和液体的密度不同，这个密度差提供了新的约束。结合不同元素在固态铁和液态铁之间不同的分配情况，就可以判断地核中到底有什么轻元素。

用地球化学方法获得地核成分听起来很简单，用化学分析的方法获得化学成分是我们都知道的事情。但仔细一想，不对啊，我们没有任何地核的样品。没有样品，我们怎么获得地核成分？实际情况是，没有样品，地球化学家也能获得地核成分，因为他们想出了各种奇妙的方法。

地球化学家对地球表面出露的上地幔岩石或者由上地幔熔化出来的岩浆岩进行了广泛的研究，根据这些研究可以推测出原始地幔（primitive mantle）的化学成分。原始地幔指在地球形成早期，地核和地幔分开之后

（即核幔分异后），但在地壳形成之前的地幔。有了原始地幔成分后，科学家再把碳质球粒陨石作为地球整体成分的代表和对比基准，就可以获得地核成分了。

　　具体是怎么做的呢？还记得我们前面在"给元素重新分分类"里面说的原则吗？你想要用地球化学方法研究某一个地质过程，挑选元素时你就选一些不受其他地质过程影响、只受你想要研究的地质过程影响的元素来进行对比研究。在前面所述获得原始地幔成分的过程中，我们需要使用相容元素和不相容元素的概念来扣除地壳形成对地幔成分的影响。现在我们进一步要扣除的是地球形成过程中元素挥发的影响，即研究地球由于大撞击等因素的影响而造成的挥发性元素的缺失情况。我们选亲石元素，将它们按照挥发性排序，建立地球的挥发性曲线（volatility curve）。挥发性曲线的横轴为各种元素按照它们的挥发性进行的排序。挥发性排序所使用的数值为在 10^{-4} 大气压下元素凝结了 50% 时的温度的对数值。竖轴为元素含量与没有经历挥发的球粒陨石成分的比值。挥发性曲线到底长什么样，感兴趣的读者可以进一步查询。有了挥发性曲线，我们就可以了解地球在形成过程中各种元素的挥发情况，就能够扣除这一部分的影响。挥发性曲线的建立不能选亲铁元素，因为亲铁元素既受挥发性影响，又受核幔分异过程的影响，通过亲铁元素成分的变化无法判断这一变化到底是受大撞击影响还是受核幔分异影响造成的。用亲石元素建立好挥发性曲线后，再将亲铁元素投到挥发性曲线图上，可以看到所有亲铁元素都投在挥发性曲线的下方。这表明由于核幔分异作用的影响，所有亲铁元素都往地核里跑，造成地幔中亲铁元素的含量都位于挥发性曲线下方。把亲铁元素回归到挥发性曲线上所需要的量就是地核成分。这是一个非常著名的、经典的，在没有地核样品提供分析的情况下，通过地球化学方法间接获得地核成分的方法。想出这个方法的科学家的名字叫作威廉·F. 麦克唐纳（William F. McDonough）。对以上这些问题及对许多其他问题非常感兴趣并想进一步深入了解的读者可以查询相关研究，可以翻一翻 *Treatise on Geochemistry* 和 *Treatise on Geophysics* 这两套书。这两套书展示了一个庞大的、多彩的和趣味盎然的地球科学世界。

目前，通过各种方法推测地核轻元素的含量大约为 10%（质量百分比），主要的轻元素为硅、氧、硫等，也许还有氢。当然，地核里还有很多种类的亲铁元素，但由于许多亲铁元素本身在太阳系中的含量（丰度）很低，因此除了地核本身最主要成分铁和镍以外，这些亲铁元素在地核中的绝对含量并不高。

三、从大撞击获得的神秘能量

通过对岩石进行古地磁测量，科学家发现地球的磁场非常古老。通过研究非常古老的锆石中矿物包裹体的剩磁特征，科学家认为地磁场最早甚至能够追溯到 42 亿年前[①]。也就是说，基本上从地球诞生之初地球就有磁场了。地磁场从远古一直延续到现在，几十亿年的时间，是什么能量能够驱动地磁场运行如此长久呢？

（一）地核发电机运作产生地磁场

我们都知道电流产生磁场，地磁场就是由于外核导电体液态铁的流动产生的。目前科学家主要通过地核发电机（geodynamo）模拟来了解地核的运作方式。地核发电机理论提供了一个地球产生磁场的机制，描述了导电流体的流动方式。这项研究需要解一系列磁流体动力学（magnetohy-

---

① 参见 John A. Tarduno 等于 2015 年在《科学》和 2020 年在《美国科学院院报》上的文章。

drodynamics，MHD）方程。磁流体动力学将流体流动与地磁场产生联系起来，需要求解的互相关联的非线性偏微分方程包括电磁方程（将外核流体流动速度与磁场产生/强度联系起来）、动力学方程（包括质量与动量守恒方程和流体流动方程）、热传导和成分对流方程，再加上边界条件和初始条件等。加里·A. 格拉兹麦尔（Gary A. Glatzmaier）和保罗·H. 罗伯茨（Paul H. Roberts）在 1995 年通过计算机解了这些方程，所获得的磁场与地磁场非常类似，包括以偶极磁场为主的特征、磁场西漂的特征，甚至磁场倒转的特征，都可以重复出来。

当然，用发电机理论研究地磁场目前还有许多问题需要解决，如复杂的边界条件。还有一个是外核的小黏滞度问题。目前地核发电机模拟所使用的外核黏滞度大约为 10^5 帕秒，而实际外核的黏滞度只有 10^{-2} 帕秒。小的黏滞度会在外核中造成复杂的对流形态，目前计算机的计算能力很难模拟这么细节的对流状态。因此，一些科学家开始另辟蹊径，使用运动学（kinematic）模型来研究外核流体的运动。而另外一些科学家希望用实验的方法造出一个能产生磁场的地核来。他们将液态金属充填到一个大球中，大球中间还放了一个小球，代表固态的内核，然后旋转大球代表地球自转。目前，这些工作都在不断地演进中。

（二）驱动地核流体运动的能量源

在地球形成的初始过程中，岩浆洋和大撞击给地核带来轻元素，这些轻元素对地核的进一步演化起着非常重要的作用。第一个作用是决定了内核什么时候开始形成结晶。我们知道水在零度开始结冰，而加了盐的水需要更低的温度才能结冰，这也是北方下雪后撒盐的原因，即降低雪的熔点，让雪早点熔化。地核中轻元素降低了铁的熔点，使得内核在更低的温度下才能开始形成。这一熔点降低也使得内外核边界的温度低于纯铁在同样压力下的熔化温度。在由纯铁的熔化温度推测内外核边界的温度时需要扣除轻元素的影响。这是研究地核内部温度分布时必须要考虑的问题。

地核轻元素的第二个重要作用是作为推动外核流体运动的能量源。一般认为推动地核流体运动的能量源有六个（图 2-4）：①轻元素在内外核边界析出，由于浮力上升产生成分对流（compositional convection），这一机制需要内核存在；②轻元素在核幔边界析出进入地幔，导致地核中剩余的重物质下沉产生对流，这一机制不需要内核存在；③地核冷却造成核幔边界和内外核边界两个边界之间的温度差，产生热对流（thermal convection）；④地球进动和潮汐（precession and tide）；⑤放射性同位素衰变，释放热能推动热对流；⑥内核结晶释放潜热（latent heat），推动热对流。

上述几个推动力可以分成两大类：一个是热对流；另一个是成分对流。热对流是最常见的对流，热量从核幔边界散出。当散出的热量大于地核能够通过热传导方式散出的热量时，或者说当外核温度梯度大于绝热温度梯度时，外核就会产生热对流，从而推动外核流体运动。由于地幔是固态岩石，黏滞度很大，对流很慢，而外核是液态，黏滞度很小，对流很快，地幔就控制了地核的热散失速度，在核幔边界形成一个热边界层（thermal boundary layer）。热边界层两侧的温度差和热边界层的厚度以及热边界层内地幔物质的热导率是关键参数。如果有人通过巧妙的方法获得这些重要的参数，就可以计算出通过热边界层的热流值。这个热流值是我们探寻地磁场运行机制的关键所在，决定着我们对地球深部的认识程度。

成分对流是指由于内核形成，而内核含有较少的轻元素，原来处于内核位置的轻元素就会被排出，向上移动，从而推动外核流体运动。成分对流也指外核顶部轻元素进入地幔，留下重的物质向下沉降，从而推动外核流体运动。成分对流在地核动力源中占据重要地位。正是由于成分对流在地核对流中的主导作用，同时成分对流的发生又必须有内核的存在，加上地球有一个很古老的地磁场，因此科学家推测地球内核形成于较早时期。

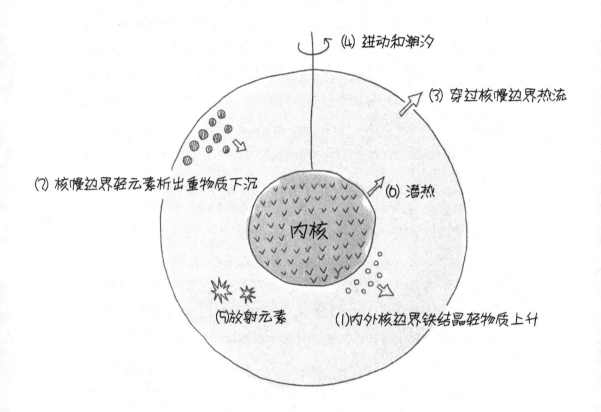

图 2-4　推动地核流体运动的能量源

据此，科学家建立了一个比较完整的、普遍被接受的标准模型，内核形成很早，轻元素在内外核边界析出，产生的成分对流驱动外核流体运动产生地磁场，但所有这一切的完美都在 2012 年由于一个数据的改变而消失。

（三）标准模型大溃败与重建

这个关键的核心数据就是铁的热导率。英国女科学家莫尼卡·波佐（Monica Pozzo）等在 2012 年通过第一原理（first-principles）的方法对铁的热导率进行了理论计算。第一原理方法是直接根据量子力学的原理对物质的性质进行计算，不需要被计算物质的通过实验获得的经验参数，所以也经常称作从头（ab initio）计算法。波佐他们发现，铁在高温高压下具有比之前认为的高得多的热导率。热导率表示的是物质传导热的能力。高的热导率表明地核中的热可以通过热传导的方式很快导出地核，就不需要热对流了。没有热对流，就不能产生地磁场。

图 2-5 中横轴为时间，从左向右为从地球形成初始一直到现在。纵轴为核幔边界的温度。标记为 T 的水平横线代表铁从熔融态变成固态的温度，即内核开始形成的温度，大约对应的核幔边界的温度为 4250 开尔文。直线 1 表示地核起始温度很高的情况（直线 1 与左边竖轴的交点，大约为 8000 开尔文），地核沿箭头方向逐步冷却，地核温度逐步降低。当地核温度降到铁结晶温度时（直线 1 与水平横线 T 的相交点），内核开始形成，所对应的时间 t_1 为这种情况下内核形成时间。直线 2 为地核起始温度较低的情况（直线 2 与左边竖轴的交点，大约在 4400 开尔文），其与水平线 T 的交点所对应的时间 t_2 为内核形成时间。直线 1 与直线 2 与右边竖轴汇聚在一点上，代表现在地核顶部的温度，大约为 4100 开尔文。地核的冷却路径可能有很多种可能性，但最后都必须汇聚到现在能观测到的这一点上。很明显 $t_2 > t_1$，即如果地核起始温度较低，内核形成时间就会较早。直线 1 对应斯蒂芬·拉布罗斯（Stephane Labrosse）设计的场景，直线 2 接

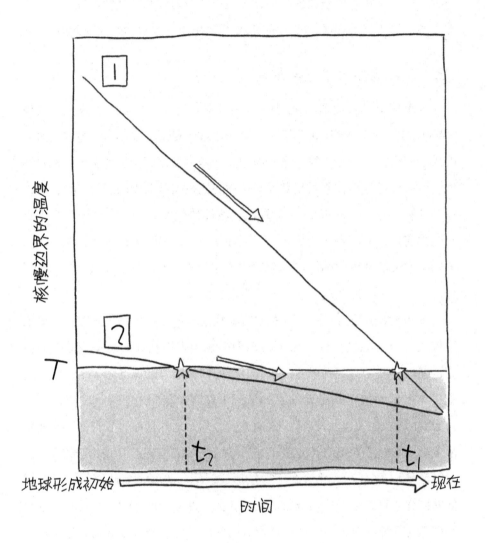

图 2-5　地核冷却的过程

近安德罗特设计的场景。两个场景的内核结晶时间完全不同。内核形成时间决定了地磁场的运行机制，并进而影响地磁场的强度和形态。

拉布罗斯在 2015 年通过数值模拟发现为了在高热导率下让热对流仍然能够发生，就需要在地球形成的初始让地核具有很高的温度（图 2-5 中线 1）。这实际上是一个反推的过程，根据现在地核的温度，由于地核散热快，为了让地核不断对流，就需要在地球形成初始时地核有一个很高的温度。在不考虑放射性同位素贡献的时候，这个温度需要达到约 8000 开尔文。然后从这样一个高的温度开始，通过地核的慢慢逐步冷却，产生热对流和地磁场，最后核幔边界的温度降低到现在的约 4100 开尔文。这一模式显然需要地幔在大部分历史时间也处于熔融状态，因为地核温度如此之高，地核与地幔紧挨着，地幔温度也会很高，超过了地幔熔化温度后，地幔就会处于熔融状态，但目前我们并没有地幔长期处于熔融状态的证据。同时，在这样一个高温环境下，内核很晚才会结晶，在地球历史的大部分时间里，内外核边界的成分对流就不会发生，无法为地核发电机提供能量。

法国科学家朱利安·蒙特（Julien Monteux）等于 2016 年通过数值模拟发现拉布罗斯 2015 年模型中让地核和地幔从早期的极高温度慢慢冷却下来的模式是不可能实现的。在地球形成早期，部分地幔处于熔化状态，即岩浆洋状态。组成岩浆洋的地幔物质的成分属于基性，即镁的含量较高。这种成分的熔体黏滞度较小，能够快速对流。这样，地球早期的高温，不管最初的温度有多高，即使高到使整个地幔和地核全部处于熔融状态，也能够通过岩浆洋地幔的快速对流很快速地降低下来。这个冷却过程有多快呢？蒙特等发现这个过程只需要大约 2 万年！也就是每次大撞击所造成的高温都能快速冷却下来。那又能快速冷却到什么程度？大概冷却到地幔结晶程度达到 60%（或者说熔融程度达到 40%）时，即地幔中有60% 的晶体和 40% 的熔体时，这时地幔黏滞度才会变得很大，快速的冷却才会减缓下来。

法国科学家丹尼斯·安德罗特（Denis Andrault）等在 2016 年指出地幔从 6000 开尔文的高温和 100% 完全熔融状态到现在的 4100 开尔文和完全的固结状态需要经历三个阶段：①快速降温阶段，从 6000 开尔文和 100% 熔融状态到 4400 开尔文和 40% 的熔融程度只需要大约一个百万年，此时对应的地球年龄大约为 43 亿年；②地幔大约要用十几亿年时间慢慢结晶固化，从 4400 开尔文和 60% 的结晶程度到 4100 开尔文和 100% 完全固结，此时对应的地球年龄大约在 27 亿年左右。在这个阶段，地幔底部处于半固结状态，存在一个底部岩浆洋（basal magma ocean）。底部岩浆洋的概念是由拉布罗斯在 2007 年提出的，发表在《自然》杂志上；③从 27 亿年开始，地幔一直保持在这个温度附近直到现在。内核大概在核幔边界温度达到 4250 开尔文时开始形成，对应的时间大约为 36 亿年左右，这个时间在地幔处于 60% 固结和 100% 完全固结的年龄中间，即处于上述地幔降温过程第二个阶段中间。安德罗特等进一步提出从大撞击开始到 43 亿年（即上述地幔快速降温阶段，6000 开尔文到 4400 开尔文），地磁发电机主要由热对流驱动；从 43 亿到 27 亿年（即地幔慢速降温阶段，4400 开尔文到 4100 开尔文），电磁发动机主要由成分对流驱动；而 27 亿年到现在（地幔温度保持在 4100 开尔文，不降温），由于地幔完全固结后所具有的高黏滞度，通过核幔边界的热流太少，地核温度降低速度太慢，热对流不能在地核内部产生。这时地球的进动和潮汐为地核发电机的主要能量源。这种机制对应的是核幔边界的一个小的热流值。[①]

根据以上的描述我们知道，测量核幔边界热流值是判断地核发电机能量源和工作机制的关键。这是一个非常值得深入研究的科学问题。解决这个问题需要我们对地球表面热流值的知识、地壳和地幔成分、生热的放

① 详见安德罗（Andrault）等 2016 年发表在《地球与行星科学通讯》（*Earth and Planetary Science Letter*）杂志上的文章。

射性同位素成分的了解，以及对核幔边界热边界层的了解。显然，热流值是连接整个地球系统的关键科学问题。那地球表面的热流值是怎么测量的呢？地壳和地幔的成分是怎么知道的呢？核幔边界热边界层厚度有多少？边界层两边的温度差是多少？通过核幔边界的热流值到底是多少？这些问题研究起来是非常有趣的。

（四）神秘的能量源终于登场了

从前面的讨论可以看出，地球早期具有较高的温度，在内核形成之前没有成分对流，因为成分对流是从内核和外核之间的边界发动的。那这个时候驱动地核发电机的能量源是什么？为此，科学家想到一种奇妙的物质，那就是地核轻元素中有元素镁，元素镁就是那个神秘的能量源。

研究地核轻元素成分的科学家一般很少会考虑地核中有镁，因为镁是典型的亲石元素，在核幔分异过程中会留在地幔中。那么镁是怎么进入地核中的呢？进入以后又有什么大作用？美国科学家约瑟夫·G. 欧鲁克（Joseph G. O'Rourke）和史蒂文森在 2016 年不受前人观点的约束，创造性地提出镁就是推动地核发电机的关键元素。他们根据前人第一性原理计算得出的数据获得了镁溶解度和温度的关系式，发现镁在液态铁中的溶解度随温度有较快的增加。然后他们通过模拟地球吸积长大的各种路径，发现在极高的温度下，足够量的镁有可能进入地核中。其中月球形成时发生的大撞击事件所造成的高温，是让镁进入地核的关键因素。也就是说，大撞击不但形成月球，还造成足够的镁进入地核。这一假说的巧妙之处在于，由于镁在地核中的溶解度很小，能够在地球历史的很早期就在核幔边界析出并进入地幔。地核中剩下的物质较重，就会下沉，从而推动地核流体运动，形成地磁场。这样一个场景将大撞击和早期地磁场的产生机制非常巧妙地结合起来，使我们对行星演化有了全新的认识，原来每个大事件都有令人意想不到的大后果。

可能有人要问了，地核内部不是还有很多其他的轻元素嘛！它们在地核中的含量还很高，为什么就不能起点作用呢？其他元素没有为早期地磁场的产生做出贡献是因为这些元素 [如硅（Si）、硫（S）] 在地核中的溶解度太高了。因此即使在地核中含量更高，这些元素也会很晚才析出或者根本就不析出，这样就不能为早期地磁场的产生做出贡献。

精彩的镁的故事并没有到此结束。虽然随后法国科学家詹姆斯·巴德罗（James Badro）等在 2016 年通过金刚石压腔（diamond anvil cell）高温高压实验证明了镁在液态铁中的溶解度与温度的高度相关性，从而获得与美国科学家相似的结论。然而，更新的高温高压实验却发现了镁溶解度与温度的弱相关性。杜治学等在 2017 年通过多顶压机（multi-anvil）高温高压实验发现镁的溶解度主要受液态铁中氧含量的影响，与温度为间接相关。他们由此得出结论，镁由于析出量太少，不能作为推动地核发电机运转的能量源。日本科学家广濑敬（Kei Hirose）通过实验研究证明，在很多氧存在的条件下，元素硅也能很早析出，所以也能为地球早期磁场做出贡献。而中国科学院地质与地球物理所的刘为一等在 2020 年通过第一原理计算和详细动力学模拟的研究成果支持镁作为发电机能量源的假说。

这些争论的问题出自哪里呢？问题就出在溶解度上！我们现在谈论的是在几百个吉帕的压力、几千度的温度下测量溶解度。在这样一个高温高压条件下获得溶解度数据是非常困难的。同时，涉及的岩石的化学成分也非常复杂，不同元素之间的溶解度相互干扰。我们也不知道用哪个理论公式 [活度模型（activity coefficient model）] 来描述硅酸盐在地核中的溶解度，以及硅酸盐在地核中溶解和析出到底用哪个化学反应式合适。这几个原因使得争论仍在继续。

更有甚者，美国科学家拉斯·斯迪克斯路德（Lars Stixrude）等 2020 年通过第一原理计算，发现硅酸盐熔体在核幔边界的高温高压下（100 吉～140 吉帕，4000～6000 开尔文）的电导率是其低温低压下的 100 倍。具有如此高电导率的硅酸盐熔体通过对流就可以产生磁场 [该文发表在《自然–通讯》（*Nature Communication*） 上]。我们在前面介绍法国科学家安德罗特模型时讲过，在地球形成后的第一个十几亿年（比如前面所述的 43 亿～27 亿年），地幔底部的岩石没有完全固结，正好有一个底部岩浆洋存在。因此，斯迪克斯路德的工作解除了早期地磁场非得产生于地核的思想禁锢，指出早期地幔底部处于高温高压的硅酸盐熔体（底部岩浆洋）也可以产生地磁场。

科学家采用各种巧妙的方法，经过艰苦的努力，所做出的工作如此精彩纷呈，真的是令人目不暇接。

四、来自地磁场的保护

2008 年 1 月 6 日，太阳、火星和地球处在一条直线上，我国科学家魏勇利用欧洲航天局（ESA）的星簇计划（Cluster）和火星快车计划（Mars Express）的数据，来研究同一束太阳风如何剥蚀这两个星球的氧气。科学家发现，尽管太阳风压力在两个星球上的增加值类似，但火星上氧失去的速率是地球的 10 倍。如此巨大的差别，累加到几十亿年的演化，也许能够解释火星目前为什么只有稀薄的大气。这一结果证明了地磁场在保护地球大气层方面的重要作用。

我们知道，地磁场的存在需要外核流体的运动，外核流体运动需要内外核边界处和核幔边界之间有温差。这就需要热从核幔边界散失出去，也就是说需要地幔将来自地核的热量带走。这就需要地幔能够对流，而水的存在能够加速地幔对流。所有这一切构成了一个完整的正回馈系统，使得水、大气层结构、地磁场、外核对流、地幔对流像一台大机器一样协同运作，构建了我们这个美好的地球家园。而这一切都来自远古的那次大撞击。因为如果没有那次大撞击，地核中就可能不会有镁元素。没有镁元素，就不会有镁的析出推动外核流体运动，在地球早期就没有地磁场。没有地磁场，地球上的水将会被来自太阳风的带电粒子电离、加速，从而逃离地球。没有水，一切生物就不会存在于地球上，当然也就不会有我们人类的出现。

这种场景也许就是我们在地球的邻居金星上看到的情况。金星没有类似于月球这样的卫星，很可能表明金星形成时没有经历过大撞击，或者大撞击的方式不对，不能造成镁元素加入金星的核部，无法产生一个由轻元素析出推动的磁场。没有磁场，金星表面的水很快消失殆尽。水的消失使得金星没有地幔对流，早期靠热散失产生的地磁场也很快停止。另一个星球火星的情况可能也与此类似。因此，行星是否有卫星也许可以成为该行星是否有生命的标志之一，人们在探索地外生命时也许可以利用这一点。

地球成为人类的宜居家园与地球最初始的演化过程密切相关。有了大撞击，才有了丰富的地核轻元素。有了轻元素析出的推动，才有了地磁场。有了地磁场的保护，地球上才有了丰富的水，可以免受太阳的辐射，人类也才能繁衍。

也许我们应该感谢远古的那次大撞击！

第三章

生机盎然的地球

一、地球历经生命

地球是演化的，它有"生命"，它历经生命，经历了出生、成长和成熟的过程；岩石就像骨骼，能告诉我们地球重要生长阶段的时代；地层就像记录地球成长的史书，记录丰富的历史信息；人们根据地球记录的生长信息，认识地球的生命历程。地球现阶段正处于成熟的中年阶段。

（一）地球的年龄

地球多少岁了？

按照我国的神话传说，地球至少有几万年历史了。在我国的神话传说中，4万～5万年前，"天地混沌"，没有分开，这时候盘古出生了。他在混沌中睡了18000年，突然醒了。他见四周漆黑，就用大斧猛劈，轻的上升成为天，重的下降成为地（"盘古开天"，图3-1）。不过，那时候的地——"地球"是方形的，有四极。盘古怕天地再次融合成为混沌，就站在地上用手顶着天，天每天长高一丈，盘古也就跟着长高一丈。18000年后，盘古倒下了，他的四肢变成四极，仍然"顶天立地"，他的皮肤变成大地，血液变成河流，气息变成风云，汗水变成雨露。盘古之后，女娲模仿自己，用"土"造出万物（"女娲造人"），但后来社会动荡，水神共工氏和火神祝融氏大战，结果共工氏因为大败而怒撞世界的支柱不周山，女娲于是用五彩石补天（"女娲补天"）。

按照《圣经》的说法，地球的形成不超过1万年。

图 3-1　盘古开天辟地

18 世纪初，英国物理学家埃德蒙·哈雷（Edmond Halley）提出，假设海水形成时是淡的，那么根据每年由陆地冲洗进入海洋的盐分，以及海水中的总含盐量，推测地球的年龄大约为 1 亿年。1854 年，德国伟大的科学家赫尔曼·冯·亥姆霍兹（Hermann von Helmholtz）根据他对太阳能量的估算，认为地球的年龄不超过 2500 万年。1862 年，英国著名物理学家约瑟夫·约翰·汤姆生（Joseph John Thomson）提出，地球从早期炽热状态中冷却到如今的状态，需要 2000 万～4000 万年。

20 世纪初，科学家开发了同位素地质测年方法，根据当时获得的岩石的最老年龄，提出地球有 35 亿年。但是，这个岩石未必是地球上最古老的岩石。到了 20 世纪 60 年代，科学家测定了取自月球表面的岩石标本，发现月球的年龄在 44 亿～46 亿年，并基于地球、月球同时形成的假说，提出地球有 44 亿～46 亿年历史。后来，更多的陨石年龄限定地球的年龄约为 46 亿年。

地球上每天都有新的岩石"出生"，有的形成于火山爆发的过程中，有的形成于湖泊和海洋沉积的过程中……岩石形成后，有的被逐渐风化，有的被岩浆作用过程熔融……岩石也有生命周期。地球上最老的岩石有多少年？地球形成时就有岩石吗？

地球上最古老的现在有确切年龄的岩石位于加拿大北部阿卡斯塔河（Acasta River）中的一个小岛上，这块岩石被称为"阿卡斯塔"（英云闪长质）片麻岩，年龄 40 亿年。片麻岩的外貌好似麻糖，有如芝麻的深浅不同的矿物集合体在上面定向排列，断续分布，形成条带状，英云闪长质是一种主要由长石石英等矿物组成的岩石。这样的岩石常形成于 10 千米以下的地壳中，是应力下岩石中不同矿物差异分布形成的。阿卡斯塔片麻岩产于加拿大西北领地阿卡斯塔河中一个面积不足 0.5 平方千米的小岛上。该岛上唯一的一幢建筑是一间为地质学家工作和生活而搭建的临时圆形铁皮屋，该"庇护所"被地质学家亲切地称为"阿卡斯塔市政厅"。加拿大西北领地面积 300 多万平方千米，原住民为因纽特人 [1]，其首府为黄刀镇（Yellowknife），常住人口只有 2 万多人。去往"阿卡斯塔市政厅"没有公路，最便捷的方式是乘坐可以降落在湖面上的直升机。阿卡斯塔片麻岩只是小岛岩石组成中非常小的部分，其他岩石多为 38 亿～33 亿年的片麻岩和辉长岩，最年轻的约 12 亿多年（辉长岩）。尽管这些岩石仅仅是 40 亿年的大陆被保存下来的极小部分，但却为恢复当时大陆的样子提供了最珍贵的样品。

人们在格陵兰岛、澳大利亚、西伯利亚等地发现了比 40 亿年稍年轻的岩石——39 亿～38 亿年的类似片麻岩。我国鞍山地区也有这一年龄的岩石，产出于东山—白家坟一带，现在已经被保护起来了。鞍山和澳大利亚的古老岩石出露的面积较小，有的像枕头大小，一块一块的，形状不规则。格陵兰岛出露的古老岩石的面积非常大（千米尺度），科学家认为这些岩石大致保存了地球上最古老的地壳。

还能找到更老的岩石吗？答案几乎是肯定的！科学家已经发现了 44 亿年岩石残存下来的矿物——锆石。这种矿物在岩石中的含量微不足道，但是即使在 1000℃ 的高温下也不容易熔融，因而容易保存下来。这类矿物发现于西澳大利亚杰克峰（Jack Hills）的沉积岩（砾岩）中，它们显示锆石矿物生长形成的环带，保留了 44 亿年的年龄信息。该岩石是 25 亿～18 亿年前的河流携带的碎屑沉积成岩形成的。研究表明，这些矿物记录了与地表水相互作用的信息，而且它们形成于类似于现今大陆主体岩石——花岗岩（如黄山和泰山山顶的岩石）之中。这说明，44 亿年前地球上不但有岩石，还有一定规模的大陆，而且当时的大陆岩石和现在有一些相似之处。既然理论推测存在更加古老的岩石，那么就有可能被保存下来并等待我们去发现。

---

[1] 以前称爱斯基摩人。

有没有比 44 亿年更老的岩石？地球 46 亿年前形成时是否就形成了岩石？科学家认为，地球最开始时的表面非常炙热，没有岩石，没有地壳，呈岩浆状态，称为"岩浆洋"或者"岩浆海"。岩浆洋冷却可能形成了斜长岩。斜长岩是一种几乎全部由斜长石矿物（可用来做陶瓷和玻璃，部分夜光石也属于同族矿物）形成的岩石，是岩浆洋中结晶的密度比岩浆的密度小的矿物，它们漂浮聚集在岩浆洋最表层，形成岩石。月球看上去更亮的部分（"高地"）就是由斜长岩形成的（图 3-2）。月球上最古老的岩石是斜长岩，它的同位素地质年龄达 45 亿年。虽然地球最早结晶出来的岩石类型是片麻岩，但也有科学家认为地球最早的地壳（原始地壳）表面看起来可能和月球上的高地一样，是由斜长岩组成的。斜长岩稍微风化，就呈现瓷白色，想象一下当时瓷白色没有植被的地球，一定非常壮观！可惜的是，科学家还很难测定斜长岩的准确年龄，也还没有确认地球上是否残存有大于 44 亿年的斜长岩。

40 亿～38 亿年的岩石，仅仅呈小的岩块残存在更年轻的岩石中。地球上成规模的老地壳在哪？在格陵兰的伊苏瓦（Isua）。该地区部分地壳形成于 38 亿年前，面积为 500 平方千米。这是目前所知地球上 38 亿年以上年龄的地壳中面积最大的一块。

（二）地球的史书

查阅典籍，探究遗迹，我们可以感知人类历史的发展历程，感叹兴衰更迭、沧桑巨变，就像《诗经》里面讲的"高岸为谷，深谷为陵"。人类的历史只有数千年，而地球的历史有 40 多亿年，这些历史如何探查呢？地球的历史也有"撰写者"，它们是分布广泛的地层。一套地层就像是一本史书，翻开这一本本史书，我们可以揭示地层的形成及环境的变化，我们也可以想象地球"沧海桑田"的演化历史。

地层是在地壳发展过程中形成的各种成层岩石的总称。地层的主要岩

图 3-2 月球的正面

石组成是沉积岩，还包括变质的和火山成因的成层岩石。虽然沉积岩只占整个岩石圈体积的 5%，但是分布面积却是陆地面积的 75%，大洋的底部几乎全部被沉积岩或是沉积物覆盖。

在地壳表层的条件下，由母岩风化后的碎屑沉积物通过流水或风的搬运，以及之后的沉积和成岩作用，最终形成沉积岩。正常来说，沉积岩形成之初是呈水平层状产出的，随着时间层层地由下至上沉积成岩，由此称为沉积地层。沉积岩相对稳定，在一定范围内是连续分布的，最大的特点就是下面的地层时代老，上面的地层时代新。

不过，地层的形态错综复杂。它们或因构造运动使原始水平状态变得倾斜甚至弯曲，或因地震活动使原始连续地层发生断开或错动，或因地壳运动使地层发生剥蚀而缺失，或因变质作用使地层产状和面貌完全改变。它们就如同一本古老的书被弯折毁坏、混乱页序，必须重新考证、理清顺序、分章划段再进行研究。因此，地质学家在野外研究地层时，常选择地层出露完全、顺序正常、接触关系清楚、化石保存良好，可供划分、对比的标准剖面。

山川河流，沧海桑田，地球环境变化和生物的演化历史可以通过不同时代地层的信息解析和重建。地质学家发现，在不同的沉积环境和成岩过程中，沉积岩在岩性特征、古生物（化石）组成以及地球化学特征上有显著的差别。同时，地层之间的接触关系中的不整合可以反映地理环境的重大变化，如地壳的升降运动或褶皱变形。

沉积岩的岩性包括物质成分、粒度大小、磨圆度、颜色、岩石类型，以及沉积地层的结构、构造等。岩性的特征可以从侧面反映沉积岩形成的沉积环境。例如，粒度大小、磨圆度反映搬运力的强弱和搬运距离的远近，颜色标志着形成时的氧化还原条件，层理、波浪等构造反映了沉积过程中的水动力条件。

化石是保存在地层中地质时期的生物遗体（如动物骨骼、硬壳）和遗迹（动物足印、虫穴、蛋、粪便）。不同时代的地层常含有不同种类的古生物或古生物群，如寒武纪的代表性海洋生物有三叶虫和奇虾等，志留纪的代表性海生生物为笔石，泥盆纪则是"鱼类时代"，侏罗纪时期海洋的霸主是鱼龙类和蛇颈龙类。因此可以利用生物化石估计地层的大致时代和进行地层的对比（图3-3）。

根据一个地区地层中的岩性、古生物和构造运动特征等，可以建立区域性的地层新老关系和年代顺序。经过更大范围的行地层对比，还可以建立大区域的甚至全球的地层年代顺序。

地层中的化石、岩性和地球化学特征蕴藏着地质时期环境的各种信息，科学家们通过破译这些信息解读当时的环境特征，如古水流的方向或古地理的方位、海水的氧化还原情况和构造的运动等，最终恢复地球的漫长历史。

（三）地球的生命历程

我们的地球是一个蓝色星球，孕育着生命。地球现在是46亿年，正处于一个很活跃的中青年时期。但是月球却演化的十分"着急"，演化了约33亿年后耗尽能量，失掉生命力，成为死亡的星球。火星行将就木，地表砂砾纵横，地表平均温度只有-65℃，大气稀薄而寒冷。

地球跟万物一样都有生命，最终也会能量耗尽，走向死亡，像月球一样安静，但不会发生爆炸。科学家预言地球能量全部消耗掉、变成像月球一样死亡的星球还需要40多亿年。根据适当的水与氧气的量，地球还能维持生命超过10亿年。也有科学家预言，由于人类活动加剧导致的生态环境恶化，也许会使地球更快速地不利于生命生存。

漫长的地球历史逐渐的演化发展，可以分为不同的阶段。为了镌刻这悠久的历史，地质学家们建立了一套地质年代体系来表示不同的阶段，这些单位从大到小分别称为宙、代、纪、世、期。其中，宙是最大的地质年

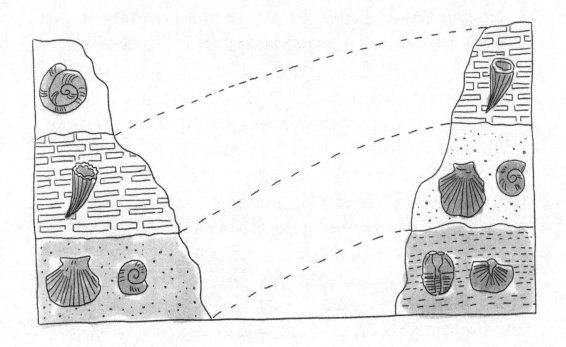

图 3-3　地层的对比

代单位，有冥古宙、太古宙、元古宙和显生宙。每个宙下可以进一步划分为代，如显生宙地质时代又可划分为三个代，即古生代、中生代和新生代（图3-4）。每个代的时间有数亿年之久。纪是每个代的进一步细分，如古生代分为寒武纪、奥陶纪、志留纪、泥盆纪、石炭纪、二叠纪，中生代分为三叠纪、侏罗纪和白垩纪，新生代分为古近纪、新近纪和第四纪。每个纪都有不同的自然环境和独特的古生物种属，是最常用的一级地质时代单位，如寒武纪的三叶虫、石炭纪的蕨类植物、侏罗纪和白垩纪的恐龙等（图3-5）。

每个阶段都有其不同的演化历史。

冥古宙（40亿年前）是地球上地壳岩石初步形成的阶段，这些岩石中的绝大部分甚至全部没有保存下来。岩石由矿物组成，部分容易保留的矿物（如锆石）却保留了下来。通过与至今还保留着冥古宙岩石地壳的月球进行对比，我们可以想象冥古宙阶段的地球。

太古宙（40亿~25亿年前）是稳定大陆形成的阶段。稳定大陆，我们称之为克拉通。全球保存最老的岩石是加拿大北部阿卡斯塔的片麻岩，为40.4亿年。这一年龄标志着太古宙的开始。地球上保留下来的最老的地壳为38亿~33亿年，留存于格陵兰，面积相当于3个河北省的面积。

元古宙（25亿~5.41亿年前）是大气圈演化的重要阶段，元古宙晚期是"生命大爆发"的阶段。大约23亿年前，地球表面空气稀薄，氧气浓度非常低，空气中甲烷（CH_4）、硫化氢（H_2S）等气体的浓度可能都大于氧气的浓度。23亿~20亿年，地球表层的氧气经历了一个浓度突然增加的过程，称为"大氧化事件"。

显生宙（5.41亿年前至今）是生命繁荣的阶段。显生宙进一步分为古生代、中生代和新生代三个时代。人类出现于新生代。

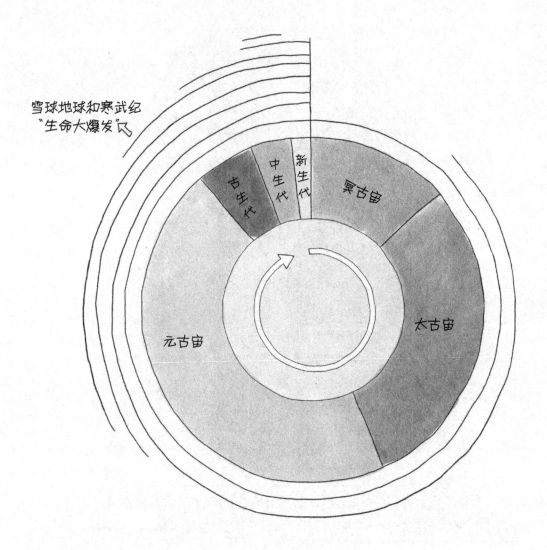

雪球地球和寒武纪
"生命大爆发"

古生代

中生代

新生代

冥古宙

元古宙

太古宙

图 3-4　地质年代与地球的生命历程

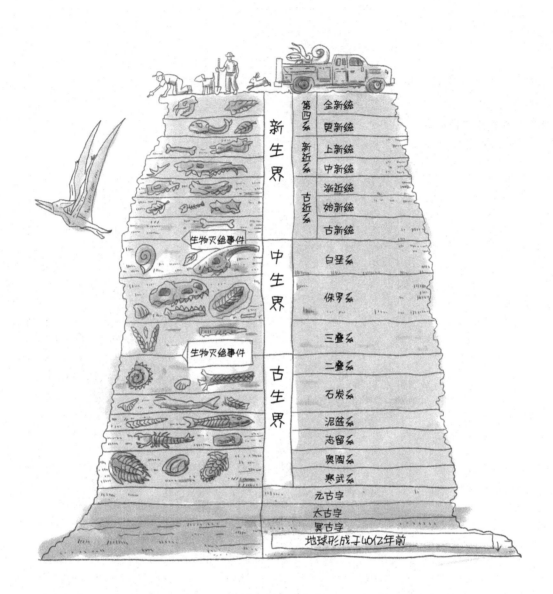

图 3-5　不同地质年代的地层中有不同的化石

二、地球孕育生命

地球孕育着生命。生物的出现、物种的繁衍、人类的出现，都伴随着大陆的演化而进行。这其中，水的出现（见第二章）、"大氧化事件"、地球"中年期"、"雪球地球"等一系列事件，造就生机盎然的地球。

（一）"大氧化事件"

我们知道，没有氧气，地球上就不会有生命存在，氧气对我们的重要性不言而喻。目前，地球上的氧气约占大气的21%，但大气中并非一直含有丰富的氧气。在地球形成初期的很长一段时间内，几乎没有氧气存在，氧只是以元素的状态存在于水或岩石中。在地球经历过2次大气快速增氧事件后，大气中的氧气才基本达到现代水平。第一次全球氧化事件被称为"大氧化事件"，开始于约24亿年前（元古宙初期），结束于21亿年前。大气中的氧气达到现代大气氧含量的1%水平，促使真核生物在地球上首次出现。第二次全球氧化事件被称为"新元古代氧化事件"，发生于大约7.5亿年前。大气中的氧含量增加到现代大气氧含量的60%以上的水平，为埃迪卡拉纪（5.8亿年前）生物繁盛和寒武纪（5.4亿年前）"生命大爆发"奠定了基础。

那么，"大氧化事件"是怎么形成的呢？是什么触发了大气和海水氧含量的增加？有观点认为这与同时期的成氧光合作用有关。然而生物研究表明产生氧气的蓝藻细菌出现在大约30亿年前，和大气圈中大量氧气的出现相比早了很长时间。为什么大气圈氧气的增加会滞后于蓝藻这么长时间，这是一个需要解决的问题。有学者提出："大氧化事件"的发生需要构造运动的触发。他们发现，每次较小的陆块碰撞形成超大陆时，大气中的氧气含量就会迅速升高。这可能是因为构造运动形成山脉，在山脉受到侵蚀后，产生的物质输送到海洋中，给光合细菌提供养分，促进光合细菌大量繁殖，最终导致产氧量快速增加。有学者认为镍的减少可能为"大氧化事件"打下了坚实基础。这是由于镍含量下降能有效降低甲烷生成，促使地球上的氧气迅速增多，生命慢慢形成。此外还有观点认为与大陆壳演化相关，或者认为硫元素是以硫化氢形式转化为以二氧化硫（SO_2）形式释放，这种转化随后有可能促成海洋硫酸盐的还原以及地球大气层的最终氧化。

"大氧化事件"给地球带来很多重大变化，其中最重要的就是对地球环境和生命演化的影响。在地球形成的初始阶段，地球上的绝大部分生物为原核生物，而"大氧化事件"在短时间内将大气环境从无氧环境改变至弱氧化环境，增加的氧气对于这些原核生物而言是毒气，同时氧气氧化了大量温室气体——甲烷，使全球温度快速下降，进入所谓的休伦冰期。在温度和氧逸度的共同影响下，大量的原核生物死亡，而少数原核生物捕获了光合细菌，在内共生作用下度过了冰河期，并适应了新的氧化环境，重新大量繁衍。这标志着真核生物开始出现，促使生物向更复杂的生命开始演化，并进入一个全新的阶段。

此外，氧逸度的改变还导致了条带状铁建造的大量出现，这也是地球早期大气和海洋的氧气大幅升高的重要标志。条带状铁建造（banded iron formations，BIF）是由硅质（主要为石英）和铁的氧化物（磁铁矿为主）互为条带的岩石建造，条带宽约几毫米至几厘米，最早形成于38亿年前，在25亿年前到18亿年前广泛分布于地球各处。早期的海水处于还原状态，大量的+2价铁离子溶解于海水中，而还原态的Fe^{2+}很难沉淀下来，除非存在"硫化桥"[即形成硫化亚铁（FeS）]沉淀下来。而要形成条带状铁建造中的+3价态的氧化态的铁，"硫化桥"就要变成"氧化桥"才行，这一转变必须要有氧气的参与。条带状铁建造这一类型的铁矿是早前寒武纪的标志性矿产，占世界铁矿储量的70%～80%，占中国铁矿储量的80%～90%。

总之，"大氧化事件"是地球历史上的一个转折点，或者说是一个重大时刻。它标志着地球上开始了以前从未经历过的一系列重要化学变化、大陆氧化风化阶段以及随后的海洋化学变化及多细胞生物的出现。

（二）地球"中年期"

46 亿年来，地球一直处于不断演化之中，有快有慢。在距今 17 亿～7.5 亿年时候，地球进入一个演化比较"缓慢"的阶段。这一时期以 18 亿～16 亿年前哥伦比亚超大陆的形成为开始的标志，以 7.5 亿～6 亿年前罗迪尼亚超大陆的裂解以及"生命大爆发"为其结束标志。在这一漫长时期，大陆长期"拉开"而不"分离"（裂解），长期处于裂谷演化阶段。同时，全球发育阶段性的特色沉积，如盖层纪（16 亿～14 亿年前）的大量白云岩沉积、延展纪（14 亿～12 亿年前）的砂岩沉积、狭带纪（12 亿～10 亿年前）的格林威尔巨型（5000 多千米长）造山带演化、拉伸纪（10 亿～7.2 亿年前）的局部裂谷演化。这一时期的突出特征就是大气环境、水体环境与岩石圈保持了长时间的稳定，生命的演化停滞不前，氧气水平很低。与其之前发生的"大氧化事件"和之后的生命-构造-气候快速演化相比，这一时期显得十分的"枯燥"。翟明国院士等科学家把这一段时间称为地球的"中年期"。

在地球"中年期"，全球发育了大量的被动大陆边缘，古代海洋的地球化学指标如锶（Sr）同位素比值等长期保持稳定，维持较高的盐度水平，缺乏造山带活动相关的金矿矿产或者火山活动相关的硫化物矿产等，沉积相关的大规模铁建造记录不多，冰川事件也销声匿迹，整个时期显得平淡无奇。因此也有科学家将其称为"boring billion"——"枯燥的十亿年"。但是这种宁静也是相对的，不要被其平静的表面迷惑。在这期间，全球经历了两次超大陆事件，即哥伦比亚超大陆的裂解与随后的整个罗迪尼亚超大陆的演化过程，也有很多岩浆-沉积-变质记录，记录了当时的一些重大地质事件,只是其剧烈程度相比以前的跌宕起伏要平静了许多。

(三)"雪球地球"

经历了地球"枯燥的十亿年"(地球"中年期")之后,我们的地球发生了极端而活跃的波动,走向洁白晶莹的白色世界。

大约从 8.5 亿年前开始,位于赤道的罗迪尼亚超大陆开始破裂。约在7.5 亿年前,罗迪尼亚超大陆大张旗鼓地解体。地球的世界重振雄风,海岸上的藻类旺盛繁殖,微生物生机盎然,它们吸收更多大气中的二氧化碳,温室效应弱化,地球逐渐冷却下来。先是两极覆盖冰雪,随着地球上冰雪面积的扩大,地球的反射率增加,降温加剧。当累积了足够多的冰雪时,冰雪会蔓延到赤道附近。此时多产的藻类持续吸收二氧化碳,最终使得整个地球裹在冰雪里面。

科学家在全球不同地区发现了这一时代的古冰川活动记录。有岩石,如体积大小不一、一团混杂、岩性复杂的冰碛岩;也有构造现象,如冰川擦痕和刻槽等。约瑟夫·科斯温克(Joseph Kirschvink)在 1992 年发表的一篇有关新元古代生物的长篇论文中提出"雪球地球"(Snowball Earth)这一假说(图 3-6)。哈佛的地质学家保罗·霍夫曼(Paul Hoffman)将这一假说应用到纳米比亚新元古代的厚层冰碛岩。根据我们前面提到的沉积岩的结构和成分特征判断,这些冰碛岩当时位于海岸浅水位置。1998 年 8月 28 日,霍夫曼在《科学》上发表了题为"新元古代的雪球地球"的文章,轰动一时。2010 年,弗朗西斯·麦克唐纳(Francis MacDonald)报道了古地磁的数据,证明罗迪尼亚超大陆此时位于赤道。由此说明,新元古代时期的冰期事件是全球性的,从赤道到两极都被冻住了,整个地球如同一个冰封的雪球。

化学沉积地层的碳同位素漂移是识别冰期的常用地球化学指标。新元古代冰期前后的碳酸盐岩地层层序的碳同位素组成具有一定的变化规律:

图 3-6 科学家想象中的"雪球地球"

冰期前，碳同位素组成普遍为正值；冰期发生前夕直到冰期结束后，发生大的负漂移，并且有碳酸盐岩（称为帽碳酸盐岩，即 cap carbonate）直接覆盖在冰川成因的杂砾岩之上。全球范围内几乎所有的新元古代冰期均与沉积岩中碳同位素负异常存在某种联系。

关于"雪球地球"的启动机制，目前有很多的猜想。在研究的过程中发现，它与罗迪尼亚超大陆裂解广泛同步，因此有学者认为它与构造运动有关。另外也有学者认为它与太阳能量输出的变化或地球轨道的波动有关。并且也有学者根据当时特殊的环境，认为它与当时的古生物（细菌）有关。无论何种因素，最初降温时大气中温室气体（如甲烷和/或二氧化碳）浓度减少，导致地球表面冰雪面积增加，而冰雪将更多的太阳能反射回太空，使地球变得更冷，地球表面冰雪覆盖面积增加，全球进入冰冷的状态。

就这样，"雪球地球"长达千万年处在冰封的状态，无法吸收太阳辐射，似乎永远无法解冻。此时的生物也都静止沉寂泯灭，除了海底热液黑烟囱附近的微生物和少数在薄冰层、火山活动或地热活动附近的藻类得以劫后余生。

这一漫长而寒冷的至暗时刻是如何被打破从而让万物重新复苏的呢？这与大气中数百万年来大量积累的温室气体有关。地表的厚层洁白冰雪无法抑制火山气体的喷涌，火山活动引起温室气体失控式地排放，导致"雪球地球"融化。有科学家估算，由于冰川融化的正反馈，覆盖地球大部分表面的冰雪最终融化只需要 1000 年。当时二氧化碳浓度可能是现在水平的几百倍。从此地球仿佛有了温暖的小被子，裹紧自己，逐渐地热起来。至于这种温室气体的组成，除了二氧化碳，科学家通过实验估算出另一种温室气体——甲烷。它比二氧化碳更能捕捉太阳光，温室效应比二氧化碳更厉害，使得地球加速变暖。

（四）"生命大爆发"

距今38亿年，地球最早的生命在海底热液"冷"喷口诞生，地球的生命都定格在单细胞上。在埃迪卡拉生物群中可见多细胞生物，这时的海洋生物寥寥无几，一片安宁。直到距今5.41亿年前后，在一个被称为"寒武纪"的地质历史时期，地球上发生了一件史诗级别的生物演化大事件——寒武纪"生命大爆发"。这一时期，现有的大部分后生动物门类（多细胞动物）不约而同地迅速出现，动物、植物和细菌的种类都达到极盛阶段，形成多种门类动物同时存在的繁荣景象。

我们可以通过化石库的标本来见证生命进化过程中决定性的转折点，进而探寻寒武纪"生命大爆发"的幕后推手。1909年，美国史密森自然博物馆馆长维尔考特（Walcott）在加拿大布尔吉斯山发现了页岩层中的大量寒武纪化石，含有100多种保存完好的各种无脊椎动物化石，分属节肢、软体、腕足、腔肠、蠕虫等12个门类。1984年在我国云南昆明以东发现的澄江生物群化石进一步放大了寒武纪生物面貌：包括40余个门、130多属、180余种，组成不仅有大量的海绵动物、腔肠动物、腕足动物、软体动物和节肢动物，还有很多鲜为人知的难以归入已知动物门类的奇特种类。澄江生物群形成于距今5.3亿年，比布尔吉斯生物群更早，接近寒武纪"生命大爆发"的起点时刻。2007年，舒德干院士和张兴亮教授等在湖北宜昌发现寒武纪的林乔利虫（*Leanchoilia*）化石。随后数年的挖掘为世界打开了一座前所未有的、全新的寒武纪生物宝库——清江生物群（图3-7）化石：共发现动物109个属，包括101个后生动物属和8个藻类属，以及一些极其罕见的动物种类和首次面世的新物种。新发现的属种化石数量占据了化石总量的53%，远超现今发现的其他地点的同类型化石库。因其化石的原始状态得到充分的保存，并不像布尔吉斯页岩和澄江生物群化石分别遭受了变质作用和风化作用，清江生物群化石的"高保真"

图 3-7　寒武纪清江生物群

程度几乎刷新了人们对化石保存程度的认知。

寒武纪"生命大爆发"是否存在，其本质内涵是什么？19世纪达尔文提出"进化论"，认为生物进化的步调是渐变式的。可是在寒武纪早期约2000万年内，绝大多数无脊椎动物门近似"同时""突然"出现。这会是反对"进化论"的重型炮弹。对于寒武纪"生命大爆发"的解释，其中一种说法是"非爆发"，认为"大爆发"只是前寒武纪"化石记录保存的极不完整性"的体现。但是，大量古生物化石的证据积极地支持了寒武纪"生命大爆发"是真实的生物演化事件。美国的古生物学家斯蒂芬·古尔德（Stephen Gould）由此提出了"一幕式爆发"。后来，英国古生物学家理查德·福提（Richard Fortey）提出"两幕式爆发"，他认为前寒武纪"爆发"过一次，寒武纪初期又"爆发"一次。近年，我国古生物学家舒德干经过几十年来对云南澄江生物群化石的研究，在澄江生物群化石找齐了动物界的三个亚界（基础、原口、后口生物亚界）化石，提出了"三幕式寒武纪大爆发"假说，即寒武纪"生命大爆发"在5.6亿~5.2亿年前分为三个阶段，正好产生动物界的三个亚界。

地球这一巨大面貌的改变是什么原因？对于这一事件的成因，学术界一直在探讨。有研究者认为所谓的爆发并非突如其来，其中一些生物是从寒武纪之前的埃迪卡拉生物群中演化而来的，存在一定的过渡和演化关系。有的研究表明，两者在生物特征和生态系统方面存在显著差异，不具有明确的演化关系。目前提出的假说主要有环境变化、生态效应和基因演化等：①认为海水氧化还原条件和化学成分的变化，以及营养物质的补给，是最受关注的环境诱发因素。②认为寒武纪"生命大爆发"是一种生态现象，即后生动物于寒武纪早期在生态上获得空前的成功。③基因调控网络的建立是寒武纪"生命大爆发"的前提条件。"生命大爆发"之后，虽然发生了多次生物绝灭事件，如恐龙灭绝事件，但是生命的演化再也没有像前寒武纪那样缓慢甚至中断，生物的演化速度也大大加快了，因此我们又把"生命大爆发"之后的显生宙称作是生命的"世纪"。按照不同方向发展，地球上出现了真菌界、植物界和动物界。植物界从藻类到裸蕨植物再到蕨类植物、裸子植物，最后出现了被子植物。动物界从原始鞭毛虫到多细胞动物，从原始多细胞动物到出现脊索动物，进而演化出高等脊索动物——脊椎动物。脊椎动物中的鱼类又演化到两栖类再到爬行类，从中分化出哺乳类和鸟类，哺乳类中的一支进一步发展为高等智慧生物——人类（图3-8）！

三、地球有"生"有"死"

地球历经生命，地球孕育生命。火山和地震的存在表明地球是活着的，就像心跳和呼吸是人的生命体征一样。当地球上不再发生地震，不再有火山，大气圈、水圈和生物圈消失，从某种意义上说，地球就死了。不过，地球的寿命非常长。地球现在的年龄是46亿年，处在"壮年"阶段，预期寿命可以达到100亿年。地球一直在变化，一直在演化，持续了46亿年。地球每个历史阶段都有不同的特点。从地球形成，到出现最早的地壳，到地表圈层形成，再到出现洋陆分异、出现大陆漂移、形成"资源工厂"等，这些不同的演化阶段构成了地球的生命历程。

地球生机盎然。我们生活在地球上，于是大家就把地球叫作地球村（Earth Village），把我们自己称为地球人。"地球村"是个很好的词，因为交通发达了，科技发展了，缩小了时空距离，地球变小了，所以大家就觉得像个村子一样。地球人不了解地球村是不行的。它是个什么样的星球，是怎么形成的，怎样演化的？地球的生命能够延续吗？我们用不用担心生命将因地球的演化而灭亡？我们能否延长或者永续地球生机盎然的状态？作为地球人，我们应该为地球村做什么？

地球给人类提供了空间和条件来生存，人类也必须依靠地球来生存。

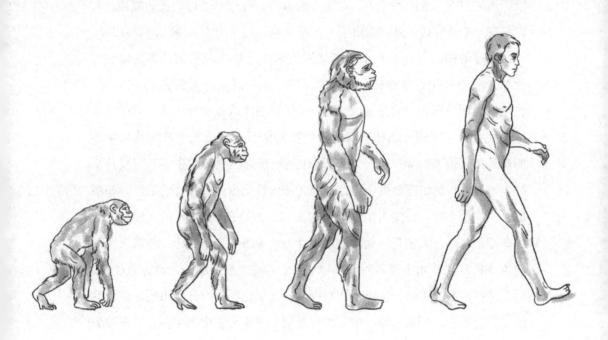

图 3-8　人类的进化

我们也可以概括地说，地球与人类有三大依存关系。第一是地球给人类提供了生存的空间和环境；第二它给人类提供了必需的自然资源[①]；第三是地球提供人类生存条件的同时也给人类带来自然灾害，地震、暴雨、冰冻、火山喷发等都属于自然灾害。自然灾害是地球生命中的自然现象，人们不能杜绝它，但可以更好地认识它，并尽量减少损失。也有些灾害是人类生活本身引发和加剧的，如过载地用水和能源与矿产资源，生产活动和生活消费造成空气、水的污染等。对于人类来讲，地球是既付出又被消耗，人们只有一个地球村，这就引出了"人地关系"这个极为重要的科学命题。

地球的归宿是什么？了解和认识地球是地球人应有的"学前知识"。地球形成的时间非常漫长，从有地球的记录到现在，大约有 46 亿年了。也就是说地球现在大约是 46 亿岁。46 亿岁的地球处在壮年期。为什么这样说呢？科学家通过地球物质的放射性同位素计算推测，放射性物质的能量耗尽还需要约 46 亿年，所以地球是处于它的生命的中期。但是并不是地球一形成就能适合生命生存，那时还没有适合生命存在的条件，如温度、空气、水等。根据古生物学家的研究，大约在 5.4 亿年前，地球上的生命都还有限，大多是一些细菌和微生物。从 5.4 亿年前起，地球上发现的生命化石才开始丰富多彩，所以 5.4 亿年前之后到现在，称为显生宙。生命是在不断演化的，从初级到高级，一直演化到人类开始出现。生命的演化告诉我们，早期的地球和现在有差别，它不适合生命生存。后来的演化有了水圈和大气圈，慢慢成为不仅是低级生命而且人类也能生存的地球环境。

当今的地球还会变化吗？当然。地球本身也是有生命的。地球的生命表现就是它是运动的。一旦地球的运动停止了，地球就死亡了。"运动的

[①] 称为三大资源，即矿产资源、能源资源和水资源，现在很多人还提到四大资源，把空气也算成是资源。

地球"首先指地球内部是有能量的，岩浆作用是在地质演化过程中相当精彩的地质运动。此外，地壳也不是铁板一块，它们除了地理概念的大洋和大陆之外，还分成很多块，就是前面所说的板块，这些板块之间是由很深的达到地幔深度的断层分割，它们之间还有相对运动，互相撞击。这些运动在地表造成地震和各种地质灾害。水圈和大气圈的参与，形成包括气候灾害在内的各种自然灾害，气候灾害加剧了滑坡、泥石流等地质灾害发生、发展，组合成新的复合型自然灾害。在不同板块的边缘，地壳和地幔的相互作用使得山变成海，海变成山，即沧海变桑田、桑田变沧海的巨大变迁。例如，海拔8000多米的珠穆朗玛峰顶附近就有海相的石灰岩和水生动物化石，说明原来的海底现在抬升到山顶。中国人自古就认识到海陆变迁现象，有麻姑献寿、共工怒触不周山等各种神话传说。葛洪在《神仙传·麻姑传》中写道："麻姑自说云，接侍以来，已见东海三为桑田。"天圆地圆和运动的地球，很简单明了地表现了地球的基本结构和运动的本能。运动是地球有生命的象征，内部能量是地球运动的根源。有些人希望地球没有地震，但没有地震就说明地球停止了运动，停止运动就说明地球没有了能量，那么地球也就死亡了。

地球有"生"有"死"！地球是太阳系的一个星球。宇宙、太阳系是怎样形成的，人们知之甚少。地球的最初形成也有很多假说和争论。我们假设地球最初还没有大陆。最初的大陆物质组成陆核，以后陆壳慢慢增大。在25亿年前，大陆长成和现在相似的大小，而后在23亿~21亿年前，大气圈高度氧化，逐渐适合生命存在。埃塞俄比亚的南方古猿大约生活在300万年以前，而坦桑尼亚的能人约生活在190万年前。我国元谋的直立人约生活在170万年前。有明确记录的人类文化不外乎8000年。因此，地球演化到人类的时间在地球历史上是非常短暂的。地球的演化是一个温度逐渐变低的过程，即地球本身的能量在消耗过程中基本是单向的，越来越冷反映了能量的不断消耗过程。月球是离地球最近的星球，人们一般认为它和地球有很多成因与演化的联系。已经有资料证明月球在 33 亿~28 亿年前已经死亡，即没有了能量。不过，中国科学院地质与地球物理研究所基于嫦娥五号取回的月岩样品的研究，证实月球在 20 亿年前都还在形成岩浆。将月球有生命的历史延长了至少 8 亿年。现在月球上是非常寒冷的，没有大气圈的保护，上面布满了陨石撞击的陨石坑。月球的归宿也将是地球的归宿，所以地球不会越来越热到最后爆炸。我小时候曾听说地球将来要爆炸，非常害怕。现在明白，地球 40 多亿年后将会冷却死掉。但是地球未死亡的时间不代表人类适合生存的地球的时限。最近有科学家推测，地球适合人类生存的时间还可延续十几亿年，也就是水、气、温度都适合人类生存的时间。不管这些推测合理与否，地球不会因为吝惜人类就不死亡，也不因为受何人控制而延长寿命。地球终有一天会不适合人类生存。然而，我们大可不必杞人忧天。人类在地球生存的历史上，按时间算仅仅是弹指一挥间，相信人类的智慧会在宇宙中存活下来。很多亿年以后的事，不必"现人忧地"。当然，我们地球村的村民应该通过自己的努力保护地球、发展科技，尽量延长和维护地球生机盎然的状态。

第四章

沧海桑田与洋陆转换

我们祖先在日常生活中不断观察着自己赖以生存的家园，也从未停止过对地球的探索。从《山海经》描述的民间传说中的地理知识，到晋·葛洪在《神仙传·麻姑传》中写到的仙女麻姑与仙人王远一道下凡去蔡经家做客，麻姑在聊天时提及"接待以来，已见东海三为桑田"。此后，沧海桑田成为我们对地球环境变迁的最朴素的理解。

如今，随着知识的累积及技术的进步，我们也在更加接近事实。那么，沧海桑田等最朴素的理解是否意味着地球确实是活动的？我们赖以生存的地球究竟有哪些部分是活动的呢？那些发生在我们身边的地震、海啸、火山等灾害，都表明地球并不是风平浪静的。然而，这一系列翻天覆地的变化又是什么原因引起的呢？大自然中让人惊叹的高山、平原、峡谷、盆地又是怎样出现的呢？带着这样的疑问，让我们来看看科学家所认识的"涌动地球"。

一、大陆漂移与魏格纳

人们是怎么知道地球是动的呢？为什么地球是动的呢？

科学家的工作其实就是力图越过表象来寻找事物的本质，所以他们的脑袋里永远装着一个为什么。经过科学家的努力探索，我们现在已经知道：即使天气晴朗，在万米之上的高空也可能风起云涌；在风平浪静的海面之下，却可能暗流涌动（图4-1）。

让我们来一起听听魏格纳发现大陆漂移的故事。

图 4-1 奇思妙想看地球

1910 年初春，湿润的海风带来的热量让柏林的寒冷稍稍减弱，年轻的德国气象学家魏格纳却生病了。躺在床上休养的他，在百无聊赖之余，拿起床边的地图，却发现大西洋两岸的轮廓边缘非常吻合，非洲西部似乎可以像拼图一样完美地嵌入南美洲的东海岸（图 4-2）。这让他想起 200 年前弗朗西斯·培根（Francis Bacon）的类似言论——有没有可能非洲与南美洲以前原本是一整块呢？

　　魏格纳是一个行动派，一旦这些思考在他的脑袋中形成，他便总想去做点什么。为了证实他的理论，魏格纳考察的第一站就瞄准了非洲与南美洲东岸。然而那时候距离莱特兄弟（Wilbur Wright，Orville Wright）发明飞机才几年时间，飞机并没有大规模地制造及应用，即使有飞机，也没有足够的动力横跨整个大西洋。魏格纳只有乘坐去往南美洲东岸的渡轮，在无边无际的大海上摇摇晃晃数月才能到达南美洲东岸。在海上漂浮的几个月，没有新鲜蔬菜水果，并且必须忍受不断的晕船症，但是他似乎从来没有在任何场合提到过科学研究之外的艰难，直到 1930 年他在格陵兰岛的野外考察中意外去世。

　　为了搜集证据来证明他的想法，魏格纳超越了学科的限制，一个气象学博士干起了地质学家、古生物学家甚至地球物理学家的工作。他首先比对了大西洋东西两岸山系、地层、岩石的关系，发现北美纽芬兰的一些山系与欧洲斯堪的纳维亚半岛的山系十分相似；非洲西部一些 20 亿年之前形成的古老岩石地区与巴西的古老岩石地区在岩石组合上也是遥相呼应；在南美洲南部的阿根廷境内，布宜诺斯艾利斯附近山脉中的岩石与非洲南端的开普勒山脉中的岩石也是可以对应的。

　　博学的魏格纳并没有满足于此。他通过对一些古生物化石资料的研究，理解到生活在远古时期陆地淡水的中龙在巴西与南非的地层中都有出现，而这种淡水动物无法在海洋中生存，它如何能跨越广阔的大西洋？可见巴西必然与南非曾经存在特殊的关联。

图 4-2　魏格纳提出"大陆漂移学说"

此外，一种蕨类植物化石——舌羊齿化石也广泛分布在澳大利亚、印度、南美洲和非洲的南部，而蕨类植物显然是无法漂洋过海的，显然澳大利亚、印度、南美洲和非洲之间也存在某种联系。如果这些大陆曾经是连在一起的，那么这一切都能合理地做出解释。这些证据极有力地证明了他的猜想，也给予他充足的信心。

不仅如此，魏格纳的"大陆漂移学说"在当时还解决了困扰地质学家的冰川难题。

在终年冰封的高山或两极地区，多年的积雪经重力或冰川之间的压力，沿斜坡向下滑形成冰川。不断加厚的冰川为它自己提供了缓慢流动的动力。冰是固体，在流动过程中势必对底部的岩石造成碾压和摩擦，而这些痕迹会在岩石中被保存下来，地质学家甚至可以通过摩擦留下来的痕迹来判断当时冰川流动的方向，自然而然，通过流动方向就能够找到地势更高的地方。那么，在魏格纳之前困扰地质学家的问题来了：在南美洲、非洲、澳大利亚、印度和南极洲都发现了3亿年前的冰川流动的痕迹，从冰川的规模和特征判断当时的冰川应该是极地附近产生的大陆冰川。然而在南美洲、印度和澳大利亚发现的冰川流动的痕迹却都残留在大陆的边缘，其运动方向也是从海岸往内陆流动，那么这些冰川是从哪里来的？为什么在以上大陆中冰川的流动方向从地势低的海岸指向地势高的内陆？魏格纳认为这些古冰川出现的大陆在3亿年前是连在一起并处于南极附近的，冰川的中心位于非洲南部，流动方向为中心向四周，而印度、澳大利亚由于位于非洲的东边。这样，当它们分离开之后，原来的内陆断裂边缘就变成了沿海，所以现在看来像是从海岸流向内陆。

魏格纳基于各种证据，对大陆漂移模型总结出一个非常形象的比喻——几个大陆板块如同几片被撕碎的报纸，如果按照其边缘的几何形状能够拼接起来，并且上面印刷的文字能够连接起来，那么我们有理由相信这几片报纸是由同一张报纸撕裂的。他似乎找到了一把新的钥匙，而这把钥匙能够打开一扇我们重新认识地球的大门。于是，魏格纳在1912年正式提出"大陆漂移学说"：在很久以前的某个时期，所有的大陆都聚集在一起成为"联合古陆"（Pangea），整个被海洋包围着，随后分崩离析，不断地漂移成为现今的格局（图4-3）。从此，"地球是活动的"这一观点像一场飓风，裹挟着越来越多的地质学家，无论他们是主动或者是被动的。

二、地球内部结构与地幔对流

在人类科学史上，一些具有革命性的学说总是要遭受巨大的阻力，虽然"大陆漂移学说"开启了人类认识地球的新纪元，但是它在最开始的时候也被束之高阁。大陆存在漂移现象最早并不是只有魏格纳发现。法国博物学家、生物学家让·巴蒂斯特·拉马克（Jean-Baptiste Lamarck）的"用进废退学说"对达尔文的"进化论"有启发意义，地质学家泰勒（F.B. Taylor）也曾提出过大陆可能存在漂移的设想。他们或多或少都给过魏格纳一些启发，然而他们都仅限于一种思想实验，只有魏格纳在各个方面提出了严谨而富有逻辑的证据，并且因为他坚定的信念才让这个假说重新回到科学家的视野。尽管如此，由于他并不是在自己熟悉的研究领域发表看法，难免会导致人们对他有一些偏见。从魏格纳发表的理论来看，也确实存在一些当时没法解决的问题：这些巨大的大陆是在什么上面漂移？大陆漂移的动力来源又是什么？魏格纳猜测大陆像冰山一样浮在海床上，潮汐及地球自转都可以驱动着大陆一点一点漂移。然而当时的地球物理学家计算出这样的驱动力难以推动大陆的漂移，魏格纳的论据站不住脚。因此在魏格纳提出"大陆漂移学说"之后的几十年间，鲜有人支持他的观点，然而他的执着吸引了一些追随者，越来越多的地质学家对这个设想进行了补充，越来越多的证据不停地佐证着大陆存在漂移这一事实。

其实对于板块为什么会漂移这个问题，科学家一直都在思考，但是十

图 4-3 "联合古陆"

分遗憾，由于地球运动十分缓慢，通常以百万年为计时单位，科学家至今并没有直接观察到板块运动的动力来源，但是合理的假设与论证在科学研究中是可行的，英国地质学家阿瑟·霍姆斯（Arthur Holmes）试图对大陆漂移动力来源进行解释，并提出了著名的"地幔对流假说"。

随着各项综合研究的进展，科学家发现，原来地球可以根据密度的不同而划分为不同的圈层结构。从地球表层向内，根据地震波速的变化，地球被划分为地壳、地幔及地核（外核与内核）。然而，不同圈层的界限处并不是突变的，而是受物理化学状态的渐变而逐渐区分开来。虽然科学家为了便于认识地球而人为地去划分圈层，但实际上各个圈层之间物质与能量交换随时都在发生着，推动着整个地球的运动。

再回到大陆漂移动力来源的问题。霍姆斯是一位留心观察生活的科学家，他想象着如同水沸腾时蒸汽上下翻滚可以使浮在水面上的东西向两侧移动一般，大陆漂移的动力是不是也来自下部的地幔上涌呢？但是地壳之下的地幔是固态的，霍姆斯进一步设想地幔虽然是固态的，却是由高温的热物质组成的，而且由于地幔内部存在密度和温度的差异，导致固态物质也可以发生流动。地幔对流是在极其缓慢的状态下进行的，对流活动的时间可达几千万年甚至几亿年，其规模与形态也是多种多样的。地幔对流可以从非常深的核幔边界上升至地壳底部，形成全地幔对流环；也可以是分层对流，即地幔的不同部分形成较小规模的对流环。近些年来的一些研究成果已证实地幔的流变特性，而"地幔对流假说"也逐渐开始被学术界接受。"地幔对流假说"虽然至今仍有争议，但是它开创性地解释了地球内部与表面的关系，也将地球表面的水平运动与内部的垂直运动系统地进行了考虑，这也是地球研究史上一次重要的进步，让科学家们将整个地球作为一个复杂的系统来研究。

三、地球科学革命："海底扩张学说"与"格洛玛·挑战者"号大洋钻探

　　如果说刚开始的研究大多数都是科学家们先入为主的假想，那么后面的理论则更多地建立在实际观测的资料之上。第二次世界大战期间，战争这个潘多拉魔盒虽然为人类带来各种灾难，却也促进各种科技迅速发展。德国的潜艇当时在世界上横行霸道，美国为遏制德国潜艇在海军作战中的优势地位，迅速发展了海底声呐探测技术并应用到海军之中。利用海军及一些考察船的数据，地质学家布鲁斯·希森（Bruce Heezen）和玛丽·萨普（Marie Tharp）开始绘制海底地形图，这也是人类首次尝试绘制海水之下的地球的样子（图 4-4）。

　　在海底地形图上，地质学家们发现海底并不是光滑的，而是与陆地相似，有着许多高低起伏的地形，而这些地形最显著的特征就是在大洋中间，一系列高点连成一条条山脉，这些海底的山脉被地质学家称为大洋中脊。当人们窥探到海底的容貌之后惊奇地发现，这样的山脊仿佛是地球肚皮上的一道道疤痕（图 4-5）。希森和萨普根据前人的解释，认为这样的"疤痕"是因为地球的膨胀而裂开。然而时任美国海军军官的哈雷·赫斯（Harry Hess）和罗伯特·辛克莱·迪茨（Robert Sinclair Dietz）却主张用"地幔对流假说"来解释这一现象，认为大洋中脊就是地幔对流上升的地方，地幔物质上升的热流可以使地幔上部融化，融化形成的液态物质冲出地球的表壳，可以形成海底火山，有些较高的火山还可以出露海面形成岛屿。而随着环状对流的不断进行，火山岛屿从大洋中脊不断被推开，同样大陆也被推得向两侧漂移。

　　虽然越来越多的人接触到"大陆漂移学说"甚至"海底扩张学说"，但是其反对者仍然声势浩大，因为有很多科学家毕生致力于研究发展地球固定论，持"固定论"的科学家们认为在地球漫长的演化史中，海洋与陆

图 4-4　人类绘制大洋海底地形

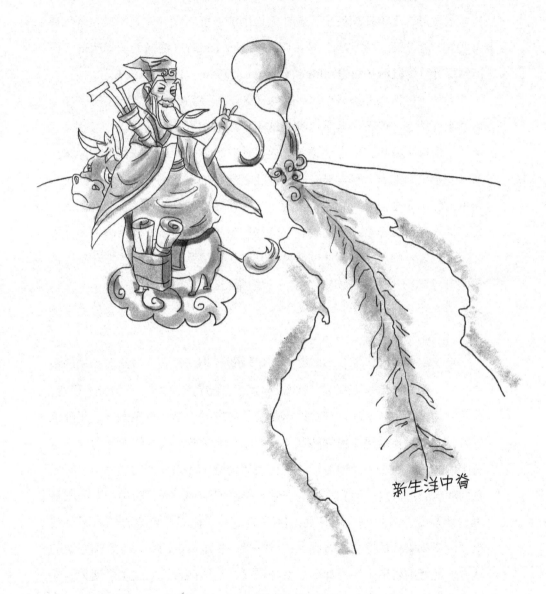

新生洋中脊

图 4-5 大西洋海底地形

地的位置总是固定不变的，只有相对的抬升与下沉。因此，在没有强有力的证据的情况下是很难改变他们的观点的。尽管困难重重，但这些支持"大陆漂移学说"及"海底扩张学说"的科学家们仍在竭尽努力地推进着科学的发展，不仅在理论上，也在实地勘测方面行动着，其中最显著的成果要属"格洛玛·挑战者"号（Glomar Challenger）钻探船所承担的"深海钻探计划"（Deep Sea Drilling Program，DSDP，1968—1983）。

说到"格洛玛·挑战者"号钻探船和"深海钻探计划"必须提到华裔科学家许靖华。许靖华曾亲自参与这项计划的制订并且随船进行考察。在上"格洛玛·挑战者"号钻探船之前，他对科学的严谨性使他成为坚决捍卫"固定论"的老派科学家。然而，随着航行的不断进行，许靖华先生不断见证着一个个振奋人心的新发现。从地球冰期的发现到地幔热对流的证实，再到海底磁异常条带的发现，这些信息不断地冲击着古老的言论，而许先生对科学的忠实与热忱也让他摒弃旧见，接受并积极宣传地球的"活动论"，甚至不惜被"固定论"者斥责为叛徒。

海底磁异常条带的研究突破可能是对"海底扩张学说"最直接的证据之一。

虽然早在战国时期我国就开始利用地磁场指示方向，做出了最早的指南针——司南，但是直到17世纪科学家才开始对地磁场进行系统的研究。在研究的过程中科学家发现，地球磁场的方向并不是一直不变的，每隔上百万年就会发生地磁磁极倒转现象，而当岩浆冷却凝固成岩石的时候，岩石中的磁性矿物会受到地磁场的磁化而保留着像磁铁一样的磁性，其磁场方向和岩石形成时的地磁场方向一致，当岩石形成之后，其磁场方向不易再受到改变，因此地球磁极发生倒转的现象会被不断地由岩浆岩记录下来，地质学家称这些在岩石中保存的磁性为古地磁。因此，沿着洋中脊的地方，地幔的岩浆上涌冷却形成新的洋壳，当这些岩浆温度下降到某一临界点的时候，受到当时地磁场的磁化，岩石具有一定的磁性。随着岩浆冷凝为岩石，其中的磁性矿物颗粒完全顺着磁场方向排列。在前面提到，海底洋壳在不停地扩张，岩浆不断地从地幔中涌出洋中脊而凝结成新的岩石。在洋底扩张的相对漫长历史中，地磁场经过了多次的倒转。地磁场的变化被不断形成的岩石记录下来。当地磁场的磁极反转之后，新生成的岩石的磁极与之前的岩石的记录正好相反。如此，平行洋中脊的两侧形成互相对称，不断交替的磁极类似斑马纹路的洋壳，这些呈条带状往复的磁极被地质学家称为磁异常条带。

四、转换断层的发现

地质学家发现弯弯曲曲的洋中脊在不同位置的扩张速度存在着差异，扩张速度的差异导致垂直于洋中脊方向的位移距离不一样。为了协调这些位移量，出现了一条条垂直于洋中脊的断裂。这些断裂被加拿大著名地质学家 J.T. 威尔逊（J.T. Wilson）初次发现，后来他将这些断裂带命名为转换断层（图 4-6）。转换断层是一种极特殊的走滑型断层，也是唯一一种被确定为板块边界的走滑型断层。转换断层的相关形成机制尚未明了，一般认为可能是由洋中脊上不稳定处断开而产生的。不过最新的研究表明，转换断层可能是洋中脊在扩张时于动态不稳定状态下渐渐弯曲产生的。这样的断裂以左右平行移动为主，如北美有名的圣安德烈斯断层。圣安德烈斯断层贯穿美国加利福尼亚州海岸，现在每年仍有 20～35 毫米的水平位移量。虽然早在 1895 年地质学家就发现了它的存在，然而直到转换断层的概念被提出后大家才逐渐意识到它形成的原因。转换断层的活动，也使得圣安德烈斯断层地震频发。一份 2006 年的研究显示，圣安德烈斯断层目前所积累的能量已足以引发一次大型（大于里氏震级 7）地震。这份研究同时显示，断层的北段和中段在近代都曾有大型的能量释放（分别在 1857 年、1906 年），但唯独南段在最近 300 年间都没有相等规模的活动。

图 4-6　转换断层

就在 2019 年 7 月，断层南段发生里氏 7.1 级地震。这一系列地震的"幕后推手"就是转换断层。

五、板块构造和威尔逊旋回

大陆漂移、海底扩张等新发现不断刷新着人们对地球的认识，越来越多的科学家接受了新的观点并加入研究之中，威尔逊、萨维尔·勒·皮雄（Xavier Le Pichon）等地质学家开始构建起完善的板块构造基本体系。

原来地球并不是铁板一块。陆地与陆地之间不只是相连或者分开那么简单，海洋地壳也不都是连成一块。海洋底部存在着许多裂缝，并且这些裂缝不尽相同。有些裂缝周围地势突起，大量的岩浆不停地从裂缝中上涌然后冷却，形成新的大洋地壳，这些裂缝就是前面我们说到的洋中脊。还有一些裂缝深不见底，其中没有直接的岩浆活动，大部分处于大洋边缘，这些裂缝称为海沟。在海沟处，古老的大洋地壳斜插俯冲到另一块洋壳或者陆壳之下，如地球最低点——马里亚纳海沟就是太平洋的洋壳向菲律宾海的洋壳之下斜插，在其接口处形成海沟。

既然海里有这么多裂缝，那么陆地上有没有呢？其实陆地上也有两种裂缝。一种裂缝类似东非大裂谷，按照板块构造理论，这种裂缝是一种大陆即将裂解的初始标志，将进一步发展，等到裂缝宽度越来越大的时候，裂缝将变成盆地，海水也会灌入其中形成红海一样的小型海盆，最后逐渐拉开变成海洋，其初始开裂处也变成像洋中脊一样的不断涌出岩浆的裂缝。陆地上另外还有一种特殊的裂缝。这些裂缝并不是正在开裂，大多数现在已经变成高高的山脉，因为这种裂缝并不是大陆撕裂的地方，而是大陆漂移到最后相互碰撞缝合在一起的地方，就像是两块布料缝在一起时缝合的地方由于布料挤压比周围平整处显得更加突出，地质学家把这些地方称为缝合带。

为了在全球尺度更加系统地研究地球运动，地质学家将洋中脊与东非大裂谷这样的裂缝称为板块的生长边界，因为这些地方的地块在不断裂开，并且有新生的地壳出现；将海沟与缝合带称为板块的消亡边界，这些地方的板块由于不断的俯冲而逐渐消亡。通过这些边界，地质学家将整个地球表面主要分割成七大板块（图4-7），分别为太平洋板块、印度板块、欧亚板块、北美洲板块、南美洲板块、非洲板块和南极洲板块，不同的大板块之下又能分割成小的板块和地体。地壳就像一块一块的魔毯一样四散漂移，在生长边界裂开形成新的薄的洋壳，在消亡边界就俯冲到地幔之中直到大陆碰撞拼贴在一起，最终保持了整个地球表壳面积的平衡。

　　为了加深人们理解板块裂解漂移并且俯冲汇聚的过程，加拿大地质学家威尔逊系统地归纳了洋盆开合的多阶段发展模式。如果将地球板块的运动拟人化，它也会经历不同的"人生"阶段，这些阶段都是地质学家通过对比全球不同区域特征而做出的形象总结。

　　板块从一个不稳定的大陆开始裂解，其间会经历胚胎期和幼年期。在胚胎期的时候，铁板一块的大陆由于不断拉张变薄，大规模的岩体下沉形成堑状，由于地幔上面的岩体变薄，其上覆压力也随之变小，地幔将部分熔融成为岩浆并沿着裂隙上涌。这样一系列的岩体下沉与岩浆上涌，使得裂解带成为现代火山和地震的频发带。著名的乞力马扎罗火山及东非大裂谷就是典型的裂解幼年期。除此之外，还有一个十分有趣的现象，即板块最初的裂解形态并不像人们生活中常见的衣服撕裂或者纸张的破裂，而总是从一个点开始、三条边互成120度裂开，地质学家称之为三联点。三联点几何模型的形成机制十分复杂，地质学家与地球物理学家仍在探索三联点形成的主控因素，但其形态与泥土龟裂的类似模型提醒着我们，地球总是在一定程度上遵循着相似物理定律，等待着人们去探索。

　　随着裂缝进一步被拉开，上涌的岩浆逐渐变多，这些岩浆开始组成狭窄的洋壳，由于新洋壳出现，地质学家们将这个时期称为板块的幼年期。

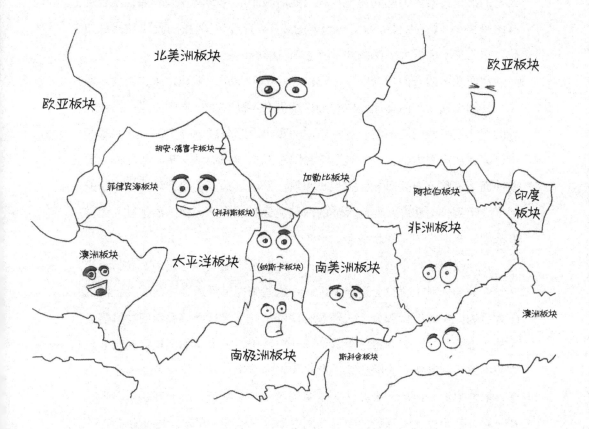

图 4-7 全球板块图

此时，海水也灌入其中，形成狭窄的洋盆或者海湾。现在我们可见的红海及亚丁湾都是板块幼年期的代表。按照板块构造理论，胚胎期的东非大裂谷进一步拉张之后，印度洋的海水灌入其中形成亚丁湾这样的狭窄海湾，但那已是数百万年之后的事情了。

当狭窄的海湾或洋盆由大洋中脊向两侧不断扩张时，大洋迅速扩大，大量的沉积物沿着大陆向海洋沉积，此时整个洋壳蓬勃发展，并且没有衰减的趋势，只有生长，如同一个人的成年期。我们现在的大西洋就是如此，它正在不断扩大，两侧并没有海沟及洋壳的俯冲。

然而地球的表面积有限，成熟的大洋不可能无止境地扩张，当大洋两侧漂移的大陆遇到阻碍而洋中脊的岩浆仍在不断往外扩展的时候，大洋边缘的一侧或者两侧便沿着一些构造薄弱带出现强烈的俯冲消减。这些薄弱带可能就在洋壳内部，也可能沿着大陆边缘与洋壳的结合带。随着洋壳的俯冲而下，整个洋壳可能保持生长和消亡平衡，甚至使得大洋俯冲消减的速度大于生长的速度，此时大洋的面积也逐渐减少，板块的演化进入大洋衰减期，其现代的实例就是西太平洋。

大洋板块进一步俯冲，导致大洋的岩石圈不断萎缩。正因如此，大洋两侧大陆的相对位置也会逐渐靠近，在这些俯冲带附近，之前洋壳上沉积的大量物质中的很大部分无法随着俯冲带俯冲下去，而堆叠到俯冲带靠近大陆边缘的一侧，俯冲带的上盘如同一把铲子，将大洋的沉积物连同部分洋壳物质一同刮铲到大陆边缘，形成楔状的增生。其间仅存残留的小型海洋，如地中海。最后，大洋洋壳俯冲殆尽，之前裂开的陆块开始碰撞平贴在一起，甚至一侧大陆俯冲到另一侧之下。在这些大陆与大陆重新缝合的地方，由于强烈的碰撞，会形成地势极高的山脉甚至高原，大量的物质能源交换也导致在这些区域形成多金属矿床。至此，新的超级大陆又重新形成。这一对地球表壳的系统性阐述源于1966年威尔逊的一篇论文。他认为，在"联合古陆"之前还应存在过更早的也曾拼合在一起的早期"联合古陆"。他还认为，这种大陆的裂解、大洋的形成与闭合具有可以重复出现的旋回性。因此为了纪念威尔逊，地质学家杜威和伯克将这个理论模型称为威尔逊旋回，后来又进一步发展为超大陆旋回（图4-8）。

超大陆旋回帮助人们更加简洁直观地理解地球表面大陆与海洋的演化关系，但也因为其过于简单的模型以及对旋回机制并未阐明而饱受争议。实际上，从裂解到俯冲再到碰撞的各个阶段会发生非常复杂的地质过程，如微小陆块的裂解拼贴、岛弧的拼贴及大陆的生长等过程，威尔逊旋回把这些过程过于简化，然而这些过程又在整个地质演化中非常重要。并且，关于裂解与汇聚是否总是往复发生而具有旋回性也是值得争议的话题。"地幔对流假说"可以解释大陆裂解漂移，但是汇聚成超级大陆的原因却不得而知，包括"全球板块运动最初从什么开始"这一科学问题也并未阐述。不过即便如此，越来越多的发现及理论丰富着我们对地球的认识。

六、热点和地幔柱

如果地球确实存在运动。那么，地球是如何运动的？

1963年威尔逊在研究板块运动的时候，发现太平洋上的夏威夷群岛像是一串可以连在一起的珠子，这样的现象让他十分感兴趣，他推测这些群岛在形成原因上可能存在某种关联。于是他去夏威夷群岛度假的时候顺便采集了岛链上的岩浆岩。

通过对这些岩浆成因的岩石进行年龄分析，他发现这些岩石的年龄有一个逐渐变化的趋势，即离洋中脊越远，其年龄越老。这是什么原因引起的呢？结合到当时热门的洋底扩张和"大陆漂移学说"，威尔逊推测洋壳下面有一个与洋壳相对固定的岩浆口不停地喷出岩浆，这些岩浆熔透了洋壳，喷出的岩浆在洋壳之上留下一堆堆凝固的岩石而形成了岛屿，并且由于岩浆喷出并不是连续的，而板块漂移却是持续进行的，因此在板块不断

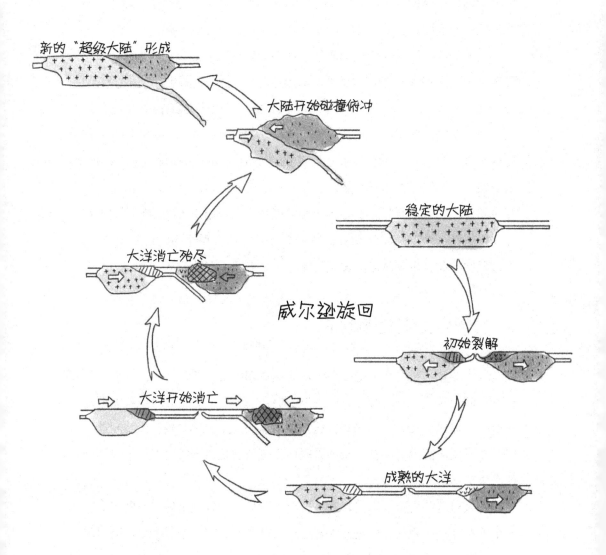

新的"超级大陆"形成

大陆开始碰撞俯冲

稳定的大陆

大洋消亡殆尽

威尔逊旋回

初始裂解

大洋开始消亡

成熟的大洋

图 4-8 超大陆旋回

漂移过程中，岩浆在洋壳之上形成一个个孤岛，而这些孤岛一起又形成链状，威尔逊将这样一个岩浆口称为热点。

热点从何而来？在以板块构造学为核心的地学革命"列车"上，似乎每一个新的发现都可以找到自己"乘坐"的位置。美国地球物理学家威廉·杰森·摩根（William Jason Morgan）于 1971 年提出"地幔柱假说"（图 4-9）来解释热点的形成。他认为，热点是起源于核幔边界的缓慢上升的细长岩浆流，仿佛一个柱状岩浆喷泉。如果地幔柱在大陆或者大洋里大规模喷出，甚至会出现大范围的岩浆岩，以至于形成一些高的地形（如印度的德干高原及西太平洋的昂通爪哇洋底高原），板块内部产生的岩浆活动很多都是由这种原因产生的。这样的与地幔柱相关的大范围岩浆岩出露区域，地质学家称之为大火成岩省。

热点与"地幔柱假说"的提出让科学家们越来越关注地球内部的活动对地球表面的影响。越来越多地质现象的发现与地质过程的研究发现，当这些大规模的地质过程发生时，甚至会影响整个地球表面的环境变化，进而影响生命进程，如白垩纪生物灭绝事件。美国地质学家 R.L. 拉尔森（R.L. Larson）在 1991 年提出超级地幔柱理论。他认为，在白垩纪中期，多个来源于核幔边界的地幔柱上涌，大规模扰动了地幔对流，导致海底扩张加快，由大量岩浆喷发形成的高原也在同一时期出现。超级地幔柱将热量和物质从地球内部带到地表，促使全球温度上升和海水的氧气含量大幅降低。这些变化直接影响到地球上的生态系统，海洋生物由于温度升高和缺氧而大面积死亡。这些死亡生物的遗体腐烂之后会变成有机质随着沉积岩石的形成而被保存下来形成富含有机质的黑色页岩。在白垩纪地层中，全球范围内大面积出现的黑色页岩也标志着全球规模的生物灭绝事件。不仅仅是海洋生物，陆生动物在这种全球性事件中也难以独善其身。不断变化的地球环境，影响着地球上的生命演化，上演着一幕幕由繁盛到灭绝的戏码。

图 4-9 "地幔柱假说"

七、俯冲带：洋壳俯冲

地质学家在研究全球板块的边界类型时，将其大致划分为生长边界与消亡边界。扩张的洋中脊属于生长边界，而处于太平洋两岸的海沟则被归为消亡边界。洋中脊与海沟处都是地球内部与表面相互作用的地方，这些垂直方向的运动一起控制着各个板块的漂移。现在我们来看一看在这些消亡边界有哪些事件正在发生。

前面提到过，洋壳在海沟处开始俯冲，但是在不同的地方，俯冲也是不尽相同的。在太平洋西岸距离陆壳较远的海沟处，海底扩张就已经受到阻力，洋壳从内部被折断为两截，靠近洋中脊的洋壳向另一块洋壳下俯冲，下插的洋壳就沿着一个斜面不停地俯冲到地幔之中。在一些特殊情况下，有些洋壳的残片甚至插入核幔边界的地方。而在太平洋东岸，洋壳则是在与陆壳紧邻的区域断开，然后太平洋洋壳向美洲陆壳之下俯冲。

自然科学的魅力在于大自然每个现象的背后总是存在复杂的原因，而且各种现象也是互相依存的。这仿佛是大自然编写的一款寻找真相的游戏，而科学家则在坚持不懈地寻找游戏的终极答案。这些现象和罪案里的线索一样盘根错节，但是它们又独立于人类的意志之外而存在。侦探们破案，比科学家寻找真相容易，因为他们层层摸索，案件真相只有一个；科学家不易，因为复杂的线索可能对应不止一个真相，换句话说，同样的结果可以由不同的过程导致，这就让我们"将今论古"的研究思想有所限制了。但是科学家也有着侦探们不具备的优势，法律要求对待嫌疑犯必须遵守无罪推定的原则，而科学家可以各种假设进行"有罪推定"，进而一步步串联线索，揭开真相。

接下来我们来了解一下地质学家对复杂的俯冲过程的研究。刚开始，洋壳俯冲并没有被人们直接观察到。地质学家考虑到"物质能量守恒"原则，为了平衡海底扩张带来的洋壳增加量，提出洋壳会在海沟处俯冲消减。科学家还考虑到海底洋壳高低起伏、并不光滑，如果有俯冲，势必在俯冲的时候有各种相互作用，而这些相互作用又会引起能量的变化，那么俯冲带上的地震会不会是由此造成的呢？因此有科学家开始专门对在海洋中及近岸发生的地震进行研究。

1949年，和达清夫（Kiyoo Wadati）、贝尼奥夫在统计从海洋到近岸发生地震的震源深度时发现，这些地震的震源普遍沿着海沟向大陆方向分布，深度随着远离海沟而不断变深。如果把这些震源都投影在同一个垂直切面（以离海沟的距离为横坐标，以深度为纵坐标），能大致连成45度的倾斜带。和达清夫、贝尼奥夫不约而同地得到相同的研究结果，因此这个倾斜带被称为和达清夫-贝尼奥夫带（图4-10）。如果俯冲产生了地震，而震源位置恰好能排列为类似贝尼奥夫带的形态，那么我们似乎可以推断这个界面就是俯冲的界面。时至今日，随着地球物理探测技术的飞速发展，我们已经能够检测到这个真实俯冲界面，而由俯冲产生的地震震源位置与俯冲带十分吻合。环绕太平洋有一个经常发生地震和火山爆发的地区，全长40 000千米，呈马蹄形，被称为环太平洋火山带（Ring of Fire），又称环太平洋带、环太平洋地震带或火环带。环太平洋火山带上有一连串海沟、火山弧和火山带，有452座火山，占世界上活跃和休眠火山的75%以上（图4-11）。日本、东南亚等地就是因为地处太平洋沿岸，所以地震频发，不仅如此，地震发生后引起的洋壳的抬升和下降都会引起超级海啸，严重影响着人们的生活。

如果说地震带及和达清夫-贝尼奥夫带被认为是证明俯冲发生的一条线索，那么海沟-岛弧-盆地的一套"组合拳"则是地质学家"定罪"的证据。洋壳从海沟处向下俯冲的过程会带入大量的海水等流体。当这些流体随着俯冲进入地幔上部或者陆壳的深部时，地幔或者深部陆壳中原本呈固态的岩石因为流体的加入而导致物理化学状态的改变。这样的改变会引起

图 4-10　和达清夫－贝尼奥夫带

图 4-11　环太平洋火山带

岩石的部分重新熔融，成为岩浆，岩浆上涌又会在洋壳之上形成一系列火山山脉，如菲律宾群岛和安第斯山脉。不仅如此，由俯冲引起的拉张环境因为压力的减小也会减压重熔，形成新的岩浆。这样形成的海岛有一个特征，就是连起来像一个弧形，因此也被地质学家称为岛弧。

在洋壳俯冲到地幔之后，会在俯冲洋壳之上形成小规模的地幔流动。这些流动会使得地壳处于拉张的环境，就像我们拽开一张纸一样，处于拉张状态，使得地壳发生凹陷甚至裂开形成盆地，叫作弧后盆地。这一系列海沟-岛弧-弧后盆地的特征都是由俯冲引起的；反过来，地质学家根据这些相互匹配的信息可以反推出这里正在发生或者曾经发生俯冲。

在大陆裂解及大洋俯冲过程中，岩浆活动将大量的下地壳甚至地幔的物质带到地球的表面，这些岩浆物质以沉积碎屑的形态沉积在洋壳的表面，随着俯冲刮蹭堆叠在大陆的边缘形成楔状增生。那些由地幔柱引起的海山、海底高原及较高地形的岛弧在随着俯冲进入海沟的时候，并不会都回到地幔之中，它们会随着海底的沉积物一起被刮蹭下来堆叠到海沟另一侧。这些刮蹭拼贴到大陆边缘的沉积物质与岩体会让大陆地壳的整体体积不断增大。

地质学家通过对消亡边界一些出露在地表的岩石研究之后发现，有一些岩石的密度非常大，只有在温度非常高和压力非常大的情况下才能形成，是很难在地表浅部形成的，如榴辉岩。这些本属于地壳浅部的岩石俯冲到深部而变成密度更大的岩石的过程十分重要，对我们确定板块俯冲的动力来源起着主导作用。高温高压岩石俯冲到几十千米深度之后又快速返回地表，其中蕴含着俯冲到碰撞的一系列信息，如同经历丰富的人十分有趣一样，有着丰富经历的石头也十分迷人，深受地质学家们喜爱。

八、洋壳残片在陆地上的记录——蛇绿岩

前文中我们曾经提到，大洋地壳并不是我们想象中的一块平坦的块体，而是沟壑纵横，地形起伏甚至更甚于陆地。我们不难推测出，在洋壳发生俯冲的时候，凹凸不平的洋壳会有一部分被刮削下来，一些洋壳的"残片"被保留在陆地上。这些以前的大洋留下来的"残片"被我们命名为蛇绿岩（Ophiolite），成为我们了解大洋演化的关键。蛇绿岩来源于希腊语，意为像蛇皮一样颜色的岩石，指蛇绿岩中最关键的岩石——超基性岩。

虽然蛇绿岩的概念早在 1827 年就被提出了，但是长久以来，大家对它的定义并不统一，直到 1972 年在美国举行的彭罗斯会议上，才给了蛇绿岩一个标准的定义：将蛇绿岩定义为一套岩石序列，自下而上，从地幔岩石圈的超基性岩，向上演化为基性的辉长岩、辉绿岩墙和枕状熔岩，直到最上部包含放射虫化石的薄层硅质岩。蛇绿岩通常出露在板块俯冲带内，比较著名的蛇绿岩有阿曼蛇绿岩、塞浦路斯蛇绿岩，北美洲西海岸蛇绿岩带。蛇绿岩在全球范围内的发现，为板块构造、大洋板块俯冲等地球板块运动提供了强有力的证据，也为我们找寻漫长地质历史时期的古老俯冲带提供了指示。通过这些消失的大洋地壳留下来的残余，我们能够慢慢抽丝剥茧，把漫长地质历史中板块运动的奥秘揭示出来。现在地质学家以蛇绿岩为研究载体，加以地球物理、古地磁、高精度的岩石年代学测量等手段，将地球历史上各个期次的板块聚合与离散进行了分析。

九、大陆碰撞与俯冲

前面我们提到，洋壳在持续性地向海沟俯冲之后会消亡，连接着洋壳的大陆地壳便开始与海沟接触。此时如果位于俯冲带上部的是洋壳，会出

现两种情况。一种是普遍情况，由于洋壳密度比陆壳的密度大，洋壳就会由俯冲界面的上部变为向陆壳俯冲而成为下部，即产生一个方向相反的新的俯冲。另一种是比较特殊的情况，这些密度大的洋壳有时也会仰冲到该大陆地壳之上，如在塞浦路斯的特罗多斯。当所有洋壳俯冲或者仰冲殆尽之后，就开始了两个陆块之间的碰撞拼贴。

由于大陆地壳的密度相差不大，陆块碰撞在一起时并不能像高密度的洋壳那样轻易地俯冲下去，因此会发生强烈的碰撞挤压，导致沿着碰撞缝合带的区域地势变高，形成一系列山脉。如果碰撞挤压足够强烈，还会导致陆块继续向另一个陆块之下俯冲，这样强烈的碰撞会导致整个大陆的变形，并且碰撞俯冲的陆块会在纵向上叠加使得碰撞后的陆块更厚，加厚的地层继而导致地势升高而形成高原，如青藏高原的隆升就源于印度板块向欧亚板块的俯冲碰撞。

而这种大规模的高地形又会影响地表的一系列连锁反应，如青藏高原作为世界第三极及亚洲水塔，其隆升对整个亚洲的气候、河流分布等都有重要的影响。

细心的读者肯定会深入思考一个问题，当一个陆块向另一个陆块之下俯冲时，为什么会让地壳隆升？不应该像洋壳一样插入地幔中吗？这里涉及科学家发现的地壳均衡理论。由于地幔与地壳密度不同，当地壳俯冲下去时，由于密度比地幔更小，难以顺利地俯冲到地幔中，大多数情况是呈低角度斜插入另一侧地壳之中。强烈的挤压及地壳俯冲使得之前的地壳加厚，加厚的同时会在地幔之上重新调整位置。可以想象一下一座冰山浮在海面之上，加厚的地壳也重新达到重力与浮力的均衡，整体上形成一个较宽阔的高原。

由于大陆拥有巨大的质量，陆块之间的碰撞造成的影响不仅仅局限于碰撞的边界及附近，能量的传递甚至可以到达几千千米之外。仍然以印度板块与欧亚板块为例。印度板块仿佛一颗炮弹，以极快的速度（相对于其他板块的漂移速度）向欧亚大陆轰击。如此巨大的能量不仅仅使青藏高原快速隆升，青藏高原周边的地块也由于能量的传递而深受影响，如缅甸等周边东南亚国家所在的地块不断向东南方向被挤出，甚至到达更远的地方。再如，我国新疆的天山地区及四川西北部的龙门山脉也因为印度板块和欧亚板块的碰撞而隆升过。其实当这些小的块体被推移的时候，地表会出现很多断裂，这些断裂主要以左右滑动为主，以平衡各个块体逃散引起的速度和距离的不同。当这些逃逸的块体在某些部位被阻挡时，则会形成挤压的环境而形成山脉，如天山、龙门山。即使左右滑动的断裂也是具有挤压的分量，会在某些部位形成山脉，如我国的横断山脉。并且，在挤压形成能量汇聚与释放的过程中，也会相应地发生地震，这就是在我国四川盆地周缘、新疆天山地区和云南横断山区频发地震的原因。

十、"联合古陆"和板块运动的初始 与动力学探讨

　　如果回过头来再看一看板块构造学说的诞生与发展，我们不禁会产生更多的疑惑。地球从诞生到现在46亿年，都经历了哪些变化？"联合古陆"之前的地球是什么样子？会按照威尔逊旋回模型分分合合吗？地质学家也带着这样的疑惑追寻地球更古老的故事。然而对于"联合古陆"的恢复并不再像是拼贴一张撕碎的报纸那么简单，因为在漫长的演化过程中，那些更久远的地质信息被揉碎、改造，恢复起来也变得更加困难，由此得出的理论模型具有更多的争议。

　　在这些悬而未决的历史疑案中，首当其冲的便是时间问题——地球板块构造何时启动？部分地质学家认为我们现在观测到的具有旋回特征的板块运动从8亿年前才开始启动，也有地质学家认为最早的板块运动可以追溯到40亿年前。为什么会有这么大的差异呢？因为地质学家发现古老的

洋壳的岩石与现在年轻的洋壳不同，更富镁元素，而且这些古老的地壳厚度较大，意味着形成古老地壳时的地球环境与现在并不相同。原来，在早于 10 亿年前的更古老时期，地球内部具有更高的热值，因此地幔热对流更活跃，大量的地幔柱上涌喷发到地表形成厚度较大的洋壳。这些富镁的地壳下部密度甚至高于其下的地幔密度，在壳幔边界温度高于 1550℃的地方，高密度的地壳会出现重力不稳定而沉入地幔，引发地幔进一步上升、熔融。此外，大量岩浆的喷发还会导致海平面上升，以至于大多数大陆浸没在海水中，形成一个陆地面积相比现今小的"海洋地球"。在这个时期，大面积的海洋也给我们在第三章所提及的一种特殊类型的铁矿——条带状铁建造提供了有利的形成环境。

那么，全球范围内的板块运动是怎么开始的呢？有科学家认为，厚的地壳的拆沉启动了地壳和地幔的物质与能量交换，然而此时地壳运动的方向还仅仅是垂直的，地壳及地壳表面的物质向地幔中拆沉凹陷，形成一种淤积的构造，称为淤积楔构造模型。随后，地壳与地幔物质不断地发生交换，软流圈的黏滞度逐渐变高，此时地壳的垂直运动会导致岩石圈板块的水平运动及俯冲。然而，由于此时洋壳仍然比较厚，其俯冲与现今整个洋壳的俯冲也不同，较厚的洋壳不容易俯冲，洋壳上部密度较小的岩层会被俯冲带刷蹭下来，成为增生楔的一部分，而下部密度较大的物质则俯冲到地幔中，形成分层俯冲。如此，在 33 亿～26 亿年前，地球板块从垂向热构造发展到板块开始横向俯冲运动，对地球形成大规模稳定的大陆地壳起到关键性的作用，而大陆地壳的形成也为以后超大陆聚合提供了基础，如哥伦比亚超大陆、罗迪尼亚超大陆。但是，地质学家对古老的克拉通及造山带对比研究发现，具有威尔逊旋回特征的现代板块构造直到 10 亿年才开始。因此，地球的板块演化具有阶段性的特征，地球的早期物理化学状态与如今也大不相同。

除了板块起始的时间争议，还有一个未解决的关键问题——驱动现代板块运动的动力来源。这个问题同样可以扩展到火星等太阳系其他行星的研究。

前面我们提到过霍姆斯利用"地幔对流假说"来解释板块的漂移，但目前越来越多的地球科学家开始关注持续的板块俯冲对板块构造运动的影响，这可能是开启地球运动的钥匙。在俯冲带中，地壳岩石会俯冲到地幔甚至下地幔之中。由于温度升高、压力变大，这些密度较小的地壳岩石会变成密度更大的榴辉岩，这个过程地质学家称为榴辉岩化作用。经过一些地球物理学家计算，俯冲下去的洋壳榴辉岩化作用之后加重所形成的拖拽力十分巨大，能够给板块运动提供主要的驱动力，而仅靠洋中脊形成时向两侧的推力则远不够维持板块的漂移。同时科学家还发现，海沟及俯冲带会因为俯冲的持续进行而沿着俯冲方向不断往后撤退，这种现象被地质学家称为俯冲后撤。板块被动的漂移还会在板块内部形成拉张的环境甚至让板块的边缘裂解。例如，部分学者提出太平洋板块与欧亚板块相连，由于太平洋板块西部向欧亚板块边缘俯冲，随着俯冲的持续进行，日本海沟向太平洋板块内部后撤，而使得日本列岛从欧亚板块裂解出来，海水灌入而形成现今的日本海。目前很多科学家们也相信正是因为全球各种规模、极性的板块俯冲，才能导致整个全球规模的板块漂移，而洋壳或者陆壳板片最终俯冲到地幔才是导致地幔对流的直接驱动力。这些冷的地壳物质俯冲到地幔过渡带堆积而形成冷地幔柱，与热地幔柱遥相呼应，共同揭示着地球内部复杂的物理化学状态与物质组成。

探讨了板块运动的初始与动力学机制之后，我们可以发现，地球从诞生到现在经历着不同的演化过程。这也意味着，在漫长的地质长河中，我们应该以运动的哲学观去看待地球的过去与未来。

从古老的神话传说开始，直至现代地球科学飞速发展的今天，各种具有争议的地球演化学说层出不穷，各种模型理论相互对立，地球的板块构造模型尚且存在诸多待完善之处。然而，科学的进步就是这样，不断地提出科学假说，一代代的地质学家不断地证伪，在跌跌撞撞中砥砺前行。所幸的是，即使科学研究的道路荆棘遍布，众多科学家仍然怀着赤忱，迈着步子勇往直前，不断给人类提供理解世界的知识与方法。同时，也希望各种各样的观点能带给更多人启发，引起大家的一些思考！

桀骜不驯的岩浆

第五章

沧海桑田与洋陆转换向后人述说着地球永恒的运动，洋陆的俯冲和碰撞更是催生了我们所熟知的岩浆。它像汪洋大海中的海水一样，每时每刻都在涌动着。与其说它是自然界毁灭万物的怪兽，倒不如说它是一位怀着远大理想而又桀骜不驯的英雄。

　　岩浆对于我们赖以生存的美丽星球，以及我们的人类生产活动是至关重要的。它们拥有一个庞大的家族，并且广泛分布在地球的每个角落。它们随着地球的运动旋律一起舞动，在绚丽的一生中维持着地球上的物质循环，对地球的表层进行再塑。正是由于它们驱动的循环，化学元素发生运移沉淀并形成我们人类生产活动所需要的矿物资源，如广泛运用到军工制造业中进行抗腐蚀的镍元素，用于装修住房的花岗岩地板等，都得益于岩浆的活动。这一章我们将一起来认识这桀骜不驯的岩浆灿烂的一生（图 5-1）。

一、岩浆的宿命

　　岩浆对于人类来说并不是一个陌生的事物，相反，它因为自身的高温和超乎寻常的破坏力让人类对其既恐惧又好奇。尽管它以一种桀骜不驯的姿态傲视自然界的一切，但其诞生、成长，最后固化成纷繁多样岩石的过程，使我们人类为之着迷。本节将介绍岩浆及它们的家族。

图 5-1 岩浆的一生

（一）认识岩浆

在非洲大陆东部的埃塞俄比亚阿法州高原上，著名的尔塔阿雷（Erta Ale）火山在向世人展示着地球内部的炽热之心（图5-2）。它的独特之处就在于其拥有一个活跃的熔岩湖，炽热熔化的岩浆从地球内部闯进生机盎然的地表世界，并将其中的热和气体释放进大气层。像尔塔阿雷这样的火山在地质历史的长河中是比较多见的，而火山喷发所伴随的熔岩告诉我们，地球内部不完全是像地球表面这样的固态岩石，也有流动的液态物质。这种液态的、炽热黏稠的熔融物质，地质学家们称其为岩浆。

"岩浆"一词的英文名是"magma"，源于希腊语"μάγμα"（*mágma*），意思是"厚厚的软膏"，其主要成分为硅酸盐，并包含一定的易挥发组分（水、二氧化碳、硫化氢、氟气和氯气等），也含有可以为人类所使用的金属和非金属元素。这些岩浆冷却后便形成我们在地表看到的岩石，称为火成岩。它们约占地壳总体积的65%、总质量的95%。因此地球上这些翻滚涌动着的岩浆，在大规模物质迁移过程中重塑了地球表面。可以说，如果地球表层是一个静止的世界，那么桀骜不驯的岩浆的使命就是打破静止、改造世界。

那么是谁发现岩浆可以改造地球的呢？说起来得出这一认识的过程是漫长而饶有趣味的，首先提出岩石"火成论"思想的是意大利人安东·莫罗（Anton Moro），而推动这一认识的传奇人物则是英国地质学家赫顿。赫顿生活在18世纪，那时的科学家就已经观察到在意大利维特纳和维苏威，以及希腊群岛中的火山喷发现象，但他们认为这些火山仅仅是一个个微小而孤立的火焰，仅此而已。而在那时，关于地球表面的岩石到底是怎样形成的，早已有了以英国的博物学家约翰·伍德沃德（John Woodward）及后来的德国矿物学家亚伯拉罕·魏尔纳（Abraham G. Werner）为代表的风行一时的"水成论"观点。热衷于"水成论"的科学家们认为，所有

图 5-2　炽热之心

岩石都是在一个全球性的大洋中形成的。就在大家都比较关心岩石"水成论"的大背景下，赫顿特立独行，有着完全不同于别人的想法。他猜想地球的中心可能是一个熔融的球体，火山就像这个巨大熔炉的通风口，而这个熔炉则拥有着创造新陆地的力量，并且如果他可以证明大部分陆地在形成初期都是熔融状态的岩浆，那么他就能了解这是一种除"风化、侵蚀、搬运、沉积"之外的另一种地球自我调整、自我修复、自我完善的方式。

在证明这一猜想时，一个重要的问题摆在赫顿面前。假如地球上的岩石在形成之初都是熔融状态的均一岩浆，那么经过冷却后我们看到的应该都是性质或成分一样的岩石。那么为什么现在地球表面看起来会有如此多样的岩石类型呢？例如，野外可以观察到橄榄岩、玄武岩、闪长岩、花岗岩、伟晶岩和黑曜岩等。聪明的赫顿解决这些问题的灵感源自当时一个玻璃瓶厂的事故。在爱丁堡的一个玻璃工厂中，工人们意外地把一批熔化的玻璃留在炉中过久，导致其经历了较长时间的冷却，当工人们再将其取出时已经完全不是正常的透明玻璃了，而变成具有微弱纹理和细小晶体颗粒的不透明块体。赫顿联想到，熔化的玻璃不正是和岩浆有着相同的特征吗？进而，他意识到，相同成分、不同冷却速率的岩浆可以形成矿物晶体大小不同的岩石，冷却速率越快，矿物晶体颗粒越小，而若成分也不相同，将进一步丰富岩石的种类（图 5-3）。随着时间的推移，赫顿的观点慢慢被接受，他也成了"火成论"的代言人。经过事实的考验，"火成论"逐渐占据了主导地位。正是由于"火成论"的提出，才产生了地球内部物质是运动着的观念，为现代地质学的产生奠定了基础。

（二）岩浆的诞生和成长

桀骜不驯的岩浆运动吞噬着一切，让大自然都为之恐惧。是什么样的过程能孕育出这种温度超过 1000℃的流动性物质呢？许多研究地球的科学家们终其一生都沉浸在探索岩浆成因的科学问题上。他们已经通过大量

图 5-3 赫顿与"火成论"

的地质、物理化学等研究去揭示其中的本质。地质研究表明，岩浆的起源位置主要包括地幔柱、大洋中脊、俯冲带等部位。引发固体岩石部分熔融进而产生岩浆的条件是，稳定的固体岩石周围的环境发生改变使得岩石进入其液相区，这与在炎热的夏天把冰棍从冰箱里拿出来后会很快融化成糖水是相似的。然而，正如上面所说的地球上不同的环境都能孕育岩浆，所以岩浆的诞生过程自然是耐人寻味的。

经过大量的研究后，科学家们最后从原理上总结出岩石发生部分熔融的 3 种方式——升高温度、降低压力和加入含水流体造成的液相线下移。通常来说，随着深度增加，岩石的温度会上升，其斜率就是所谓的地温梯度。地质学家们一致认为在正常地温梯度条件下，岩石温度的升高难以越过对应深度岩石的固态-液态共存线，因此岩石只能以固态形式存在而不能发生熔融形成岩浆。这时，要想让某一深度的岩石发生部分熔融诞生岩浆，可以通过下面的方式：①压力不变的情况下给该处的岩石加热，使岩石温度升高发生熔融；②在温度不变的条件下让该处岩石上面的岩层变薄，使岩石承受的压力降低产生熔融；③往干燥的岩石中加入水分，降低了岩石可以发生熔融的温度和压力条件，进而使得岩石发生熔融。当理解了岩石发生熔融的本质之后，再去思考为什么会在地幔柱、大洋中脊、俯冲带等主要部位产生岩浆就不再是难事了。

地幔柱的上升会对顶部的地幔和地壳岩石进行加热，从而会使岩石升温熔融形成岩浆，如在喷出地表后形成一些大洋岛屿（如夏威夷岛）和海底高地。在洋中脊两侧发生海底扩张时，中间产生的断裂使得下部的地幔和地壳岩石所承受的压力减小而温度近似不变，从而促进岩石减压熔融形成岩浆。正是由于这个原因，洋壳除了上覆的大洋沉积物以外基本都是由玄武岩、辉长岩等与岩浆直接相关的岩石组成的。在俯冲带，含水的板块俯冲到深部地幔发生脱水，脱去的水由于浮力作用会迁移到上面的岩石圈，岩石在水加入的条件下发生熔融，从而产生大量的岩浆，这就是为什么在俯冲带会出现大量的岛弧火山岩的原因之一。通过以上三种熔融方式，桀骜不驯的岩浆从此便开始它那波澜壮阔的生命历程。

人类一生都在不断地成长，岩浆也一样，自诞生之后就一直在成长、演化。岩浆在形成之后并不能直接离开诞生地而发生运移，它们最初的形态只是在岩石中矿物颗粒的接触部位弥散分布。这些矿物颗粒的接触部位就是孕育涌动岩浆的最有利的地方。当这些熔体在岩石中达到一定的比例（即部分熔融过程），熔体便通过矿物颗粒之间接触的二面角连通起来（图 5-4）。它们最终会汇聚在一起，沿着固体地球的薄弱部位——断裂发生运移，或是在地壳中一些空虚位置停留形成岩浆房。

关于岩浆的演化过程，则是在争论不休中才得到如今学术界较完善的认识，但争论仍在继续。岩石学最初都是通过直接观察、描述来进行研究的，从描述分类阶段进入实验分析阶段起到关键作用的核心人物是加拿大岩石学和矿物学家诺曼·鲍文（Norman Levi Bowen）。他是 20 世纪最伟大的岩石学家之一，是实验岩石学研究的骨灰级人物，被后人誉为"实验岩石学之父"。他对地质学最重要的贡献就是清晰明了地阐释了岩浆中矿物生成的顺序，被后人推崇并命名为"鲍文反应序列"（图 5-5），时至今日仍不褪色。鲍文利用玄武岩浆冷却结晶过程的人工实验，观察总结了矿物优先沉淀的顺序。这些顺序大体能反映常见岩浆中矿物结晶的顺序，并能解释岩浆岩中为什么特定的矿物之间总会生长在一起，而另一些矿物又不可能同时沉淀。例如，在花岗岩中，石英和长石肯定是要同时出现的。这个反应序列也解释了玄武岩浆通过沉淀出早期高温矿物（如橄榄石、辉石等）之后，能衍出更加酸性的岩浆。这些酸性岩浆之后便可以形成花岗岩，即原始岩浆的演化、衍生或者派生过程。"鲍文反应序列"描述的是岩浆演化过程的宏观趋势，而具体的演化过程又是相对复杂的。

岩浆的演化主要包括岩浆分异作用、同化混染作用和岩浆混合作用。岩浆分异作用又包括结晶分异作用和岩浆熔离作用。结晶分异作用中主要

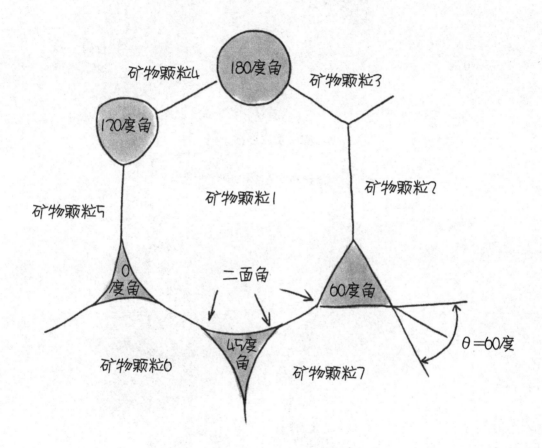

图 5-4　二面角控制熔体的连通

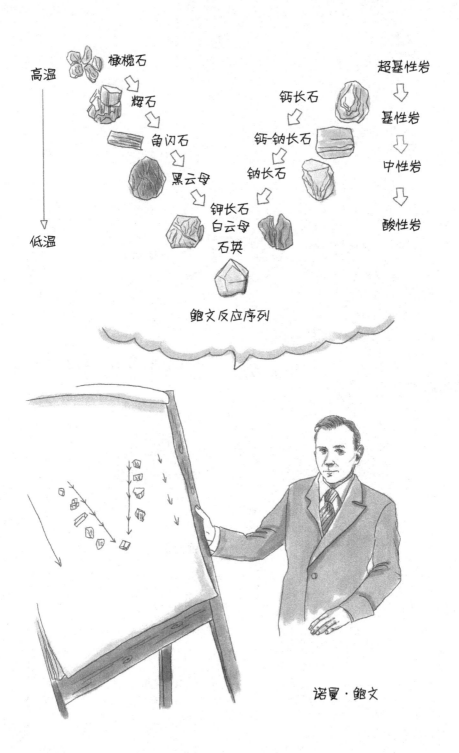

图 5-5　鲍文和鲍文反应序列

的一种分异是重力分异，指岩浆中的晶体受重力作用发生沉降而与熔体分离。岩浆熔离作用是指成分均一的岩浆，由于温度、压力的变化而分为两种不混溶或有限混溶的熔体，和油-水分离是一个道理。同化混染作用则是指熔化的岩浆将围岩捕获熔化并使之成为自己的一部分。岩浆混合作用是指成分不同的岩浆混合在一起，包括机械混合和化学混合。机械混合可以被形象地比喻为"小米＋大米"，化学混合则如同"酒精＋水"。在山东省文登野外的一个露头上，可以观察到两种不同的岩浆（深色和浅色）在固结前曾经发生过岩浆混合。以上的这些岩浆的演化过程与成矿元素的富集是息息相关的。

岩浆的流动成长过程是叛逆却又能屈能伸的。长大成熟以后，它们极不愿意待在原地过碌碌无为的一生，它们有远大的志向，想成为潇洒的"追风少年"，也想着去改变世界。尽管是多么的志存高远、桀骜不驯，岩浆终究要在成长和前进的道路上遇到重重的障碍，但它们会在奋进向上迁移的过程中用自己炽热的"身躯"披荆斩棘，开辟人生的康庄大道。但现实是残酷的，毕竟头顶旧世界的势力太大，容不得新生小儿随便破坏既有的平衡。可是岩浆也不傻，它会寻找旧世界最薄弱的地方——断裂，去探索自己通向新世界的大门。实在走不动了，它们就在地层中一些空虚的地方歇歇脚，韬光养晦，于是不小心就经营出自己的大本营——岩浆房。在这里，它会自我调整，放下一些"不必要"的负担——发生分异作用。同时，它也会不断地与外界沟通，用自身的热量不断去同化、蚕食周围的古老岩石，从而占领旧世界，开辟新的根据地。等到上面的旧世界——老的地层再出现虚弱的时候，岩浆就会以迅雷不及掩耳之势冲刺到地表或者在地下较浅的部位重新开辟新的根据地。这就是岩浆流动成长过程的睿智之处（图5-6）。

岩浆沿着地壳内部巨大断裂冲刺到地表，则形成裂隙式喷发。分布于我国西南地区二叠纪形成的峨眉山玄武岩和河北张家口的新近纪汉诺坝玄

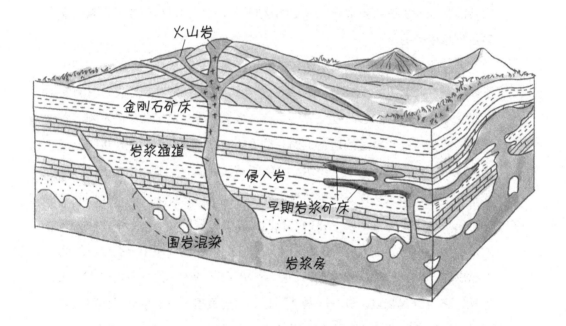

图 5-6　岩浆流动与成矿

武岩都属于裂隙式喷发。现代裂隙式喷发主要分布在大洋底部的洋中脊地带，在大陆上只有冰岛可见到此类火山喷发活动，故又称为冰岛型火山。溢出的岩浆多为基性岩浆，因其具有温度高、黏度小的特点，岩浆流动性较好，以这类形式喷发的火山通常没有强烈的爆炸现象，喷出物冷凝后往往形成覆盖面积宽广的熔岩台地，就像被子一样覆盖在火山口周围。地下岩浆通过管状火山通道喷出地表，称为中心式喷发。这是现代火山活动主要的表现形式，又可细分为宁静式喷发和爆烈式喷发。顾名思义，宁静式喷发的火山很安静，在火山喷发时，只有大量炽热的熔岩从火山口宁静溢出，显得非常"斯文有礼"，熔浆顺着山坡缓缓流动，好像煮沸了的米汤从饭锅里沸溢出一样。溢出的岩浆以基性岩浆为主，岩浆温度较高、黏度小、易流动，含气体较少，无爆炸现象。这类火山尤以夏威夷火山为代表，又称为"夏威夷型"。人们可以近距离尽情欣赏这类火山，很多游客会去夏威夷看火山喷发景观。相对于宁静式喷发，爆烈式喷发就像个脾气大的孩子，看起来要"暴躁"很多。这类火山爆发时会产生猛烈的爆炸，同时喷出大量的气体和碎屑物质。喷出的岩浆以中酸性岩浆为主，并伴随有大量的火山灰。同时，这类岩浆在形成时往往温度更低而且黏度更大，流动性不是很好。1902 年 12 月 16 日，加勒比海东部西印度群岛的培雷火山（Mount Pelee）爆发震动了整个世界。它喷出的岩浆非常黏稠，同时喷出了大量浮石和炽热的火山灰，造成 26 000 人死亡。因此，此类火山喷发也称"培雷型"。

通过以上的介绍我们可以知道，岩浆诞生本身就充满着巨大的力量。这成就了它涌动着的"身躯"和桀骜不驯的性格，在成长流动演化的过程中既展现出冲动的脾性，也隐藏着一份睿智，因而它总能成功地向大自然传递出毁天灭地的豪迈气概。

（三）岩浆岩家族

英雄也有变老的一天，岩浆终究会完全固结成为坚硬的岩石——岩浆岩。自然界中的岩浆岩是个大家族，种类繁多、形形色色，仅现有的岩石名称就有千种之多。虽然各种岩浆岩之间存在产出形式、化学成分、矿物组成、结构构造和成因等方面的差异，但是它们彼此之间又有一定的过渡关系。19 世纪 70 年代起，国内外地质学家坚持不懈地为之努力，目前对岩浆岩的分类已经得到大多数科学家的肯定。

按照岩浆岩产出的形式，岩浆岩大家族分为两支——喷出岩和侵入岩。经过火山爆发喷出地表的就叫作喷出岩，如常见的玄武岩、流纹岩。岩浆上升还未到达地表就已经在地表以下一定深度凝结形成的岩石称为侵入岩，最常见的就是花岗岩。这些岩石由于所处的环境不同，冷却的速率和时间也不一样。喷出岩由于直接与外界空气接触，冷却速度很快。地质学家们曾做过估算，由于岩浆温度急剧降低，1 米厚的玄武岩全部固结需要 12 天，10 米厚的玄武岩全部固结需要 3 年，700 米厚的玄武岩全部固结则需要 9000 年。侵入岩埋藏在地表之下，散热慢。经估算，一个 2000米厚的花岗岩体完全固结大约需要 64 000 年。相比之下，我们人类文明登上地球历史舞台顶多也不过七八千年而已，这在地质历史长河中太过短暂了。

按照岩石的化学成分划分岩浆岩类型时，成分中的酸度和碱度是主要的考虑因素。岩石的酸度是指岩石中含有二氧化硅的质量分数，类似于无机化学中酸度是以氢离子的浓度作为指标。通常二氧化硅含量高时，酸度也高，而岩石酸度低时，说明它的基性程度比较高。简单来说，根据化学组分可将岩浆岩分为超基性岩（二氧化硅质量分数＜45%）、基性岩（二氧化硅质量分数为 45% ～ 52%）、中性岩（二氧化硅质量分数为52% ～ 65%）和酸性岩（二氧化硅质量分数 >65%）等。超基性岩浆的温度很高，可以达到 1500℃，但黏度很小，流动性最好，喷出地表可形成科马提岩、苦橄岩等，侵入地下则形成纯橄岩、辉石岩等，通常我们所见的橄榄石宝石就取自超基性岩浆岩。基性岩浆形成的温度略低，约为1300℃，黏度也很小，喷出地表可形成玄武岩等，侵入地下则形成辉长岩等，目前所知的大洋地壳，除了表层的深海沉积物外，几乎都是由这种基性岩浆形成的，而最主要的就是黑乎乎的玄武岩。中性岩浆的形成温度更低，约为 1000℃，黏度中等，喷出地表形成安山岩等，侵入地下形成闪长岩、二长岩等，现今位于南美洲大陆西侧的安第斯山脉主要就是由这种岩浆形成的岩石构成。酸性岩浆也叫作长英质岩浆，温度<900℃，黏度很大，流动非常慢，喷出地表形成流纹岩、英安岩等，侵入地下则形成花岗岩等。

岩浆岩这个大家族霸占着地壳大部分空间，在向自然界传达着岩浆生来就是要再塑地球表面的使命，哪怕飞蛾扑火，也要以桀骜不驯的姿态走完这矢志不渝的一生。当岩浆固结成岩以后，也就为它放纵的一生画上了圆满的句号。尽管身死，"落红不是无情物，化作春泥更护花"，它们留下的"身躯"和"生前"留下的无尽财富——如封狼居胥、勒石燕然一般，向后世证明着自己终其一生誓要改天换地的霸道理想。

二、岩浆改造地壳

通过前文，我们已经知道岩浆在它桀骜不驯的一生中是如何诞生、成长和消亡的。但是在这个过程中，它是如何流动到地球的每个角落，又是如何实现对地壳的改造的呢？要想理解这个问题，我们必须要剖析岩浆在地球的深部和浅部之间的循环过程。

洋底海岭顶部的洋中脊具有巨大的开裂，导致其深部地幔所承受的压力降低，从而使得地幔岩石发生部分熔融而产生玄武质岩浆。这些初生的岩浆从海岭顶部的巨大开裂处涌出，凝固后形成新的大洋地壳。持续上升的岩浆会将原先形成的大洋地壳以每年几厘米的速度推向两边，使海底洋壳岩石不断更新和扩张。这个过程使得地幔的物质循环到地壳，促进了地壳物质的增加。当扩张着的大洋地壳遇到大陆地壳时，便俯冲到大陆地壳之下的地幔中，逐渐熔化而消亡。这一过程实际上是洋壳"新陈代谢"的过程，历时约需 2 亿年，也是洋底岩石最老的年龄。

俯冲带可以分为洋-陆俯冲和陆-陆俯冲。洋-陆俯冲，如"智利型"俯冲带，是由于太平洋板块向东俯冲到美洲大陆之下，沿着长长的海岸线形成宏伟的安第斯山脉，并伴随有广泛的火山作用。在这个过程中，洋壳俯冲到陆壳之下的地幔深处并伴随水的释放。在有水加入的情况下，部分俯冲的洋壳及俯冲洋壳之上的岩石圈发生部分熔融，岩浆便由此诞生。初生的岩浆向上迁移形成岩浆房，在一定的条件下向地表继续迁移，或喷发到地表形成火山，或在地表浅部冷却形成侵入岩，而这个火山发育的地方就叫作岛弧。形成岩浆的物质直接或间接地来自地幔，并在俯冲带通过岩浆作用流动到陆壳。这个过程也促进了地壳物质的增加，从而使岩浆达到改造陆壳的目的。相对于洋-陆俯冲，陆-陆俯冲在岩浆活动方面显得较为缺乏。这种俯冲过程主要使得大量的陆壳物质被俯冲循环到深部地幔熔融消亡，少部分的地壳物质发生重熔形成岩浆。这些岩浆作用仅仅是对原有陆壳物质的改造调整，没有新的物质加入陆壳。相对于洋-陆俯冲过程诞生的岩浆，陆-陆碰撞诞生的岩浆更多的是对陆壳进行自我调整和改造。青藏高原和喜马拉雅山脉就是 4500 万年以前印度板块与欧亚板块发生陆-陆碰撞形成的。

第四章已详细介绍了地幔柱的形成过程及其对地球演化的影响。一些地质学家估计它们至少来自距离地表 700 千米或更深处，直径大致在 100 ~ 250 千米，往地表上升的速率约每年几厘米。它被认为是一个行星在极短时间内大规模释放内部核热的极端手段。这种手段还不是板块运动那样热能对动能的转化，而是将最深部的热能直接输出到地球表层。一个印证地幔柱存在的事实是大火成岩省的喷发，被认为是地幔柱直接拱裂岩石圈并发育星球级岩浆溢流体系。与现代能见到的火山喷发相比，大火成岩省完全是另一种星球图景，大到能覆盖三分之一个西伯利亚区域。正是因为存在这种星球级的岩浆活动，使得从地幔甚至核幔边界来的岩浆在改造地壳上达到登峰造极的地步。

岩浆就是在洋中脊、俯冲带和地幔柱这样得天独厚的部位产生的，先天的优势给予了它改造地壳的强大能力。它诞生于洋中脊，于是形成地壳的一部分——洋壳。洋壳最终会在俯冲带向下俯冲到地幔，并且在俯冲带会脱水发生部分熔融，与顶部熔融的地幔岩石一起进入地壳的另一部分——陆壳，使得陆壳获得了新的物质补充，而陆-陆的俯冲又会将陆壳物质带入地幔使得陆壳物质减少，这个过程中重熔的岩浆又会让原来的陆壳物质进行自我调整。地壳物质的平衡就是在岩浆循环往复的流动下得到维持，而这就是岩浆想要主宰的星球、维持的平衡。

三、岩浆创造财富

岩浆在其放纵的一生中始终以其炽热的"身躯"驱动物质循环并改造地壳，在它成长演化过程中必然会取得绚烂的成就，其中之一就是创造了岩浆矿床，为我们人类社会的生存与发展提供了大量不可或缺的矿产资源。本节将跟大家一起认识岩浆给人类带来的矿物资源。

回顾人类的发展演化史，在距今二三百万年至1万年的石器时代，人类祖先就已经开始利用燧石、石英、黑曜石等坚硬的岩石来制造武器以捕捉大象、水牛等；在6000～3000年前的青铜器、铁器时代，铜、锡、铝、铁等金属矿产资源也开始被用来制造铜车、耕犁等。矿产资源在很大程度上决定着社会生产力的发展水平和社会变迁。从石器时代、青铜器时代到铁器时代，以至到当今的电子信息时代，人类社会生产力的每一次巨大进步均毫无避免地伴随着一次矿产资源利用水平的巨大提升。据估算，一个现代人一生当中所需要的矿物、金属及燃料等矿产资源可达百万千克级别以上（图5-7）。当前人类社会生产制造所需的原材料、能源、农业生产资料、水资源来自矿产资源的占比分别可达到80%、95%、70%、30%，而岩浆矿床作为矿产资源的主要供给者之一，在其中更是占比颇丰。全世界绝大部分的铬、镍、铂族元素（锇、铱、钌、铑、铂、钯），以及相当多的铁、铜、钒、钛、铌、钽及稀土元素等金属矿产资源均来自岩浆演化形成的矿床。此外，岩浆矿床还产出包括金刚石、长石（虹彩）、橄榄石、绿柱石、塔菲石、蓝宝石、梅花玉等在内的多种宝石矿床，磷灰石、霞石、石墨、珍珠岩等多种非金属矿床，以及花岗岩、辉绿岩、辉长岩、正长岩等在内的多种石材矿床，因而说岩浆矿床具有十分重要的工业意义。

矿产资源对人类大有用处，而岩浆矿床可以提供很多矿产资源，那么岩浆矿床是什么呢？作为科学，凡事首先得有定义，矿床也不例外。矿床学是研究矿床在地壳中形成条件、生成原因、成矿机理和分布规律的一门学科，是地质科学中的主要学科之一。它是一门技术经济与地质学相结合的综合性学科，在西方通常叫作"经济地质学"，显然是与钱有关。那么定义中的"矿床"又是什么呢？矿床就是指在地壳中由地质作用形成的，其所含有用矿物资源的数量和质量在一定的经济技术条件下能被开采利用的综合地质体。"综合地质体"又是什么呢？暂时就把它理解为不同矿物组合起来的巨大的岩石吧！有了上面的定义后，岩浆矿床顾名思义就是通过岩浆作用形成的矿床。这类矿床在世界上分布较为广泛。

在岩浆演化部分曾经讲到过，整个岩浆的诞生-成长过程会通过岩浆分异作用、同化混染作用和岩浆混合作用三种方式进行演化。岩浆分异作用又包含岩浆熔离作用、结晶分异作用。这些作用可以将原来分散于岩浆

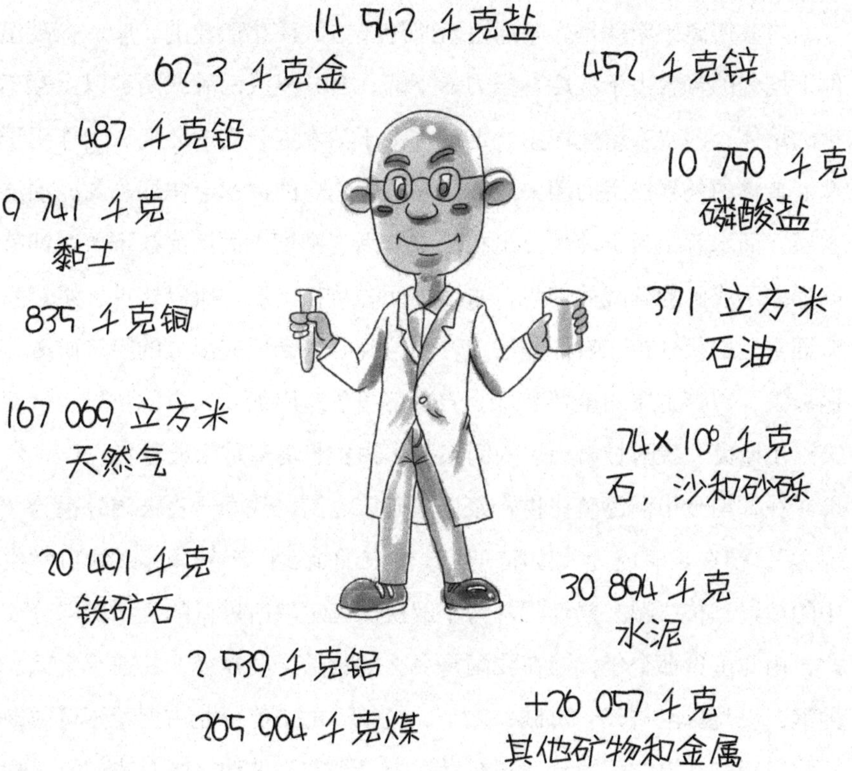

14 542 千克盐
62.3 千克金
452 千克锌
487 千克铅
10 750 千克磷酸盐
9 741 千克黏土
835 千克铜
371 立方米石油
167 069 立方米天然气
74×10^8 千克石, 沙和砂砾
20 491 千克铁矿石
30 894 千克水泥
2 539 千克铝
265 904 千克煤
+ 26 057 千克其他矿物和金属

图 5-7   人一生所需的矿产资源

中的一些化学元素或者矿物浓集在一起，当含量达到能被人类投资开发利用的程度时，也就成了岩浆矿床。矿床学家根据岩浆作用中不同的演化方式又将这类矿床细分为岩浆熔离矿床、岩浆分结矿床、岩浆爆发矿床、岩浆凝结矿床等。

岩浆熔离矿床就是岩浆通过岩浆熔离方式演化形成的矿床。在高温条件下均匀的岩浆由于温度、压力的下降，会分离成两种或两种以上互不相溶的熔体，即岩浆熔离作用。这就类似于油水混合物的分离，当作用于油水混合物的外界作用力消失后，原先混合均一的油水会快速分离成油层和水层，而水就相当于熔离分出的矿浆，因为密度大而沉淀在下层，油就如同那些不成矿的硅酸盐熔浆，密度小而悬浮在上层。所以这种岩浆熔离矿床通常呈层状分布在岩体底部。岩浆熔离矿床会形成很大的经济矿床，是铜、镍、铂等金属的重要来源。岩浆熔离矿床以加拿大肖德贝里、俄罗斯诺里尔斯克、我国甘肃金川的铜镍硫化物岩浆熔离矿床最著名。

在发现金川铜镍硫化物岩浆熔离矿床之前，我国一直被国外视为"贫镍国"，镍在当时成为我国唯一凭票供应的金属矿产品。那时候日常生活中的粮票、布票和肉票等就是为了解决供应短缺所进行的生活资料分配方式，由此可见那个年代镍在我国是多么的紧缺。要知道，镍在合金钢、特种钢，以及航空航天、机械、化工、轻工、电子等行业占据着不可或缺的地位，所以贫镍的困境让我国在世界上显得非常被动。当时我们需要拿出73 吨小麦和 15 吨对虾才能换到 1 吨进口镍，但贫镍的困境在我国地质工作人员的努力探索下迎来了转机。1958 年 6 月初，西北煤田地质局为响应中国核工业建设，派地质工作人员在金昌金川区宁远堡—白家咀一带找铀和煤矿。在这个过程中，地质工作人员意外发现了一块含铜的孔雀石，认为在那个区域有铜矿。尽管不是很关注这类矿产，但地质工作人员在编写宁远堡《顺便普查工作报告》时也没有忽略这一发现，而是将白家咀铜矿化的发现进行了概略地说明，并写进"其他有益矿产"一节。就在发现这个铜矿化之后的 1958 年 10 月 7 日，祁连山地质队几位年轻地质工作人员根据这一发现马上来到白家咀进行详细的取样分析。这一来，金川铜镍硫化物岩浆熔离矿床便呈现在世人眼前，自此结束了我国缺镍少铂的尴尬局面，并使我国步入世界镍资源大国的行列，不再受世界其他国家利用镍铂矿产来制约我国的经济建设发展的境况。因此不得不感谢那炽热涌动的岩浆为我们带来的丰富的矿产资源，也感恩那些无私奉献的地质工作者。由此可见，我们的盛世太平来之不易。

岩浆分结矿床就是岩浆通过岩浆结晶分异方式演化形成的矿床。岩浆结晶分异作用的一个核心点就是溶解度，这是我们都很熟悉的概念。对于自然界大多数物质而言，其溶解度随温度降低而降低，如硝酸钾过饱和溶液的温度降低时会促使硝酸钾从溶液中析出并结晶沉淀。岩浆的结晶分异作用与此相似，熔点较高的矿物会先饱和并沉淀，如图 5-5 中"鲍文反应序列"中最上面的矿物橄榄石和辉石。岩浆的结晶分异作用就是岩浆中的矿物按顺序沉淀，在重力和动力作用下发生分异的过程。

按照有用的金属矿物与无用的硅酸盐矿物生成的先后顺序，又可将岩浆矿床分为早期岩浆矿床和晚期岩浆矿床。前者是指有用的金属矿物结晶早于无用的硅酸盐矿物，因而矿体呈现出非常规整的岩层。该类矿床最具有代表性的是南非布什维尔德铬铁矿矿床，矿床的规模之大，令人咋舌。岩体的年龄距今约 20.95 亿年，长 480 千米、宽 380 千米、厚 900 米，面积 182 000 平方千米。矿床的铬金属含量达 40 亿吨，镍金属含量达 2280 万吨，铂族元素含量约 60 000 吨。后者是指无用的硅酸盐矿物先结晶沉淀，有用的金属矿物在剩余的岩浆中不断聚集浓缩，在岩浆演化到最晚期时有用的金属矿物沉淀。这类矿床主要包括钒钛磁铁矿床、磷灰石矿床及稀土矿床等。例如，我国四川省攀枝花地区的钒-钛矿集区的钒和钛金属资源量分别可达 880 万吨、8.7 亿吨，分别占全世界钒、钛资源的 11% 和 35%。

当岩浆在地壳深部暂时无法冲破上面的阻碍时，就会蓄势待发，等待上部老地层出现薄弱的时刻。当存在直达地表的深大断裂活动时，岩浆就会在积聚的高温、巨压作用下连同早期结晶的橄榄石、金刚石等矿物沿断裂迅速带到到近地表。同时爆炸瞬间由于压力极大，一些罕见的高压矿物也会沉淀，这一过程会把一些稀罕的矿物聚积在一起，物以稀为贵，故也就成了矿床，这称为岩浆爆发（炸）成矿作用。这类岩浆爆发矿床尤以金刚石矿床最有名。其在世界各地均有分布，尤其在非洲分布最为广泛。矿床在空间上呈一个倒立的圆锥，往往与深大断裂有关。非洲南部一些国家产出一些极品的钻石，如 1905 年南非金刚石矿床中发现了一块无色透明、无任何瑕疵、质地极佳、带有淡蓝色色调的重达 3106 克拉的钻石原石，以当时矿长的名字命名为"库利南"。一直到现在，它还是世界上发现的最大的宝石原石。当时宝石界行家就估计这块原石的价值高达 75 亿美元。这块原石后来被劈成几大块后加工，加工出来的成品钻总量为 1063.65 克拉，全部归英国王室所有。其中最大的一颗钻石取名为"库利南 1 号"，也被称作"非洲之星"，重 530.02 克拉。它被加工为水滴形，并被镶嵌在英国国王的权杖上。而"非洲之星"的"同胞们"则被分别镶嵌在英国女王、玛丽王后的王冠上。此外，金刚石矿在俄罗斯、澳大利亚也有分布，我国则主要分布于辽宁省复县（今大连市瓦房店市）和山东省蒙阴两地。迄今，我国发现的最大钻石是 1937 年在山东省临沂市郯城县李庄乡（今李庄镇）发现的"金鸡钻石"，重达 281.25 克拉，后被日本驻临沂的顾问掠去，至今下落不明。

我国现存最大的天然钻石是"常林钻石"（图 5-8），它的发现有很大的偶然性。1977 年 12 月的一天，山东省临沭县华桥乡（今曹庄镇）常林村 21 岁的农村姑娘魏振芳在生产队干完自己的农活后帮助邻近地头锄茅草地时，意外地从土堆里挖出一块类似鸡蛋黄大小、闪闪发光的石头，后发现这是钻石，并将其上交给国家，政府对此行为进行了表彰。据《临沭县志》记载，临沭县处于郯庐（山东称为沂沭）断裂带之上。1668 年，

图 5-8 "常林钻石"的发现

常林村一带曾发生过一次8.5级的大地震。或许是地面下的岩石发生错动，使得原在地下深处形成的天然金刚石被带到地表。世事就是这么巧，钻石竟在锄地时被发现，临沭县也因此成为我国著名的金刚石产地。之后经中国科学院专家鉴定，"常林钻石"重达158.786克拉，长17.3毫米，呈淡黄色，质地纯洁，是我国发现的第二颗超过100克拉的天然大钻石，在世界上也实属罕见。"常林钻石"的发现对于我国研究金刚石的形成环境、寻找原生金刚石矿床等具有极其重要的科学意义。

除了上面的岩浆矿床外，岩浆演化到晚期由于冷却凝固会形成一些凝结矿床、伟晶岩矿床。这些矿床往往会形成一些宝石（如碧玺、祖母绿等），或者因其具有美好的颜色、纹理及结构而被用作石材（如花岗岩建材等）。但要注意的是，并不是每种花岗岩都适合作为板材铺设在家里，有的花岗岩中含有高含量的放射性元素，对人的身体健康是有危害的。

岩浆虽然变化无常而又桀骜不驯，但是它怀着炽热之心，在地球上搅弄着风云，也矢志不渝地追逐着自己的理想、实现着自己的价值。在它漫长却又短暂的一生中，它用那与生俱来的热量维持着地球上的物质循环与平衡，改变着地球表层的面貌。尽管最后这桀骜不驯的英雄也会走向衰亡，但它在战斗的一生中为自然界、为我们人类留下了宝贵而富饶的矿产资源！

第六章

无处不在的流体

地球是人类赖以生存的家园，其表面约71%的面积被海洋覆盖。如果乘坐飞船从光年之外的太空俯瞰地球，首先映入眼帘的就是围绕着地球的朵朵白云和占据着大部分地球表面的蓝色海洋，这让地球成为一颗精致的"蓝色星球"。除海洋之外，占地表面积29%的广袤陆地上也有纵横交错分布的各种规模的大江、大河、湖泊和溪流。不仅如此，在地球内部也存在着自由流动的水，同时还存在着一些无法自由移动的水。从整个地球空间的尺度来看，地球上的流体无处不在，与其称为"地球"，还不如称作"水球"。

地球上的流体对地球极其重要，它就类似于地球的体液。健康的时候，由于运动，地球会经常出汗，维持生命活力；生病的时候，由于发烧，地球也会出汗、发脾气，造成创伤。接下来，我们将带领大家认识地球上无处不在的流体。

一、水带来了"生机勃勃"的地球

（一）地球上生命的产生

在宇宙中，地球是人类已知的唯一一个存在生命的星球（图6-1）。地球上之所以存在着繁花似锦的生机，是因为在地球上有生命之源——水的存在。目前发现的所有生命中，没有任何一个可以脱离水自行生存繁殖的。对于生命的产生和生存，水都是必需品。地球诞生之初是没有生命存

图 6-1　地球是人类已知的唯一一个存在生命的星球

在的，那么最初的生命是在怎样的环境中产生的呢？人们总说"海洋是生命的摇篮"，大多数人只是把它当作一种浪漫的隐喻，实际地球上最早的生命确实是诞生于海洋之中的。伦敦大学学院研究团队曾在《自然》期刊中报道，通过对加拿大魁北克古生物化石的研究发现，在地球形成后不久，大约距今 42.9 亿～37.7 亿年，地球上就有生命出现了，这些生命诞生于深海热泉附近，支持了深海热泉是早期地球生命摇篮的假说。

古生物学家们还发现，所有生物（包括我们人类在内）的祖先，最早都生活在水中，之后逐渐登陆，由水生生物进化为陆生生物（图 6-2）。例如，在第三章介绍地球"生命大爆发"时所提到的早期地球上的生命（如著名的埃迪卡拉生物群和澄江生物群）都出现在海洋之中。埃迪卡拉生物群化石发现于澳大利亚南部埃迪卡拉山 6.8 亿～6 亿年前的前寒武纪地层之中，其生物的形态主要是多细胞无脊椎动物。这种动物的化石在世界范围内都广泛分布，说明这种动物在那个时候是浩瀚海洋中的真正统治者。而在我国，云南澄江帽天山附近出现了澄江生物群化石，大多数都是多门类无脊椎动物，而且也出现了记录最早的脊椎动物——海口鱼。澄江生物群化石准确生动地向人们展现了 5.3 亿年前海洋中生命存在的宏大景观和现今生物的历史形态，成为揭示寒武纪"生命大爆发"等生命突发性事件及生命起源多样性的最佳"窗口"。

（二）地球上的人类文明

不仅生命的繁衍依赖于水，文明的孕育和发展也都与水息息相关。水在人类文明的形成史上从未缺席。在人类文明之初，水赋予人类以生命，人们傍水而生，进而产生了区别于其他生命体的"文明"。在人类历史上，每一次文明的孕育和生长都围绕在大江大河等流域的周围，毫无例外。无声无息的溪流、湍湍急流的大河、奔腾汹涌的大海……都像是哺育人类成长的乳汁，滋养、见证着人类从蛮荒一步步走向文明的历程。

图 6-2 生物演化史：从海洋到陆地

人类历史上著名的四大文明古国（中国、古埃及、印度、古巴比伦）的诞生均与境内的大江大河存在密不可分的联系。纵横上下五千年历史的中国文明，是发源于黄河流域和长江流域的文明。古埃及文明起源于尼罗河流域，所以又叫尼罗河流域文明。印度文明的发迹则得益于恒河流域；古巴比伦文明发源于底格里斯河和幼发拉底河流域的两河流域，又被称为美索不达米亚文明。因此，从古至今，没有哪个城市的兴起、哪个国家的崛起能脱离水资源，可以说，水成了人类经济文明发展的命脉。

现今，水资源当之无愧是世界上最宝贵的资源。水在某些干旱地区甚至比任何其他贵重物品都要重要。水的无价，并不是因为它本身的价值，而是因为任何生物都不能离开水，包括人类。在没有水的情况下，人不可能存活超过一周。而现今，随着人口的持续增长，其数量已将近80亿，相应的，对水资源的需求也日益增长。

世界各地的水资源短缺现象越发严重，在中东地区已经变得奇货可居。在未来，可以想见，水资源会成为各国竞相争夺的资源，甚至会变成触发战争的主要原因。约旦前国王侯赛因·宾·塔拉勒（Hussein bin Talal）说："水是唯一可以把我带到与以色列战争的问题"。埃及前总统穆罕默德·安瓦尔·萨达特（Mohamed Anwar el-Sadat）也曾说过"只有水能够让埃及再一次卷入战争"。1989 年，时任埃及外交事务国务部长布特罗斯·加利（Boutros Ghali），在向美国国会发表的讲话中提到"埃及的国家安全掌握在尼罗河盆地其他八个非洲国家的手中"。

（三）地球之外的"水文明"

既然地球上有如此丰富的仿佛"造物主"一般的水资源，那么在地球之外的太空里是否也有水呢？根据科学家们对太空中其他星球的研究结果，答案是肯定的。

通过对彗星尾巴的光谱进行探测和分析，研究者们发现，彗星中含有水的成分，不过这些水并不是以人们想象中的液态水的形式存在，而是以固体形态存在的水冰。另外，根据探测器传回的画面，火星表面有着类似地球上山川的地形地貌，推测火星上原来是有地表流体存在并塑造了这些地形的。而且，在2018年，研究人员利用火星高级雷达进行了地下和电离层探测（MARSIS）。根据调查结果推测，在火星的极地冰川下可能存在一条宽约20千米的地下湖泊！为试图在地球之外探寻水踪迹的科学家们提供了希望。

既然如此，在地球之外也"露面"了的水，是否能像在地球上一样造就如此盛大的文明呢？科学家们正在努力寻找外星文明存在的可能性，同时也在探寻地球之外人类建造"新家园"的可能性。截至目前，科学家们虽然在星际空间发现了文明形成所必需的水资源存在的痕迹，但是仍旧没有找到地球之外也存在着文明的证据，并且在其他星球上新建文明的宏大计划也面临着科学上的种种困难。不过，浩渺无垠的太空中依然存在着无数人类目前还没有探测到的地方，随着科学技术的发展，相信在未来，人们不仅有可能认识光年之外的"外星邻居"，甚至可以"串门"！

二、地球上水的存在形式

（一）自由流动的水

地球表层可以划分为不同的圈层，即大家所熟知的大气圈、水圈、生物圈和岩石圈。这几个层圈之间相互交融、无明显界线。在这些圈层中均可见到自由流动的流体（图6-3）。

大气圈包围着海洋和陆地，是地球最外部的气体圈层。大气的主要成分为氮气、氧气、氩气、二氧化碳，大气圈分布范围很广，在2000～16 000千米的高空仍有稀薄的气体存在，而且土壤和一些岩石中也

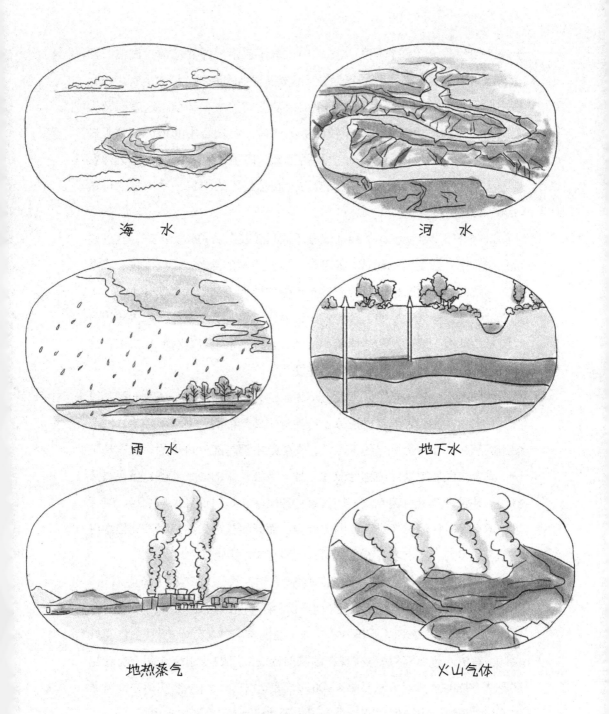

海　水

河　水

雨　水

地下水

地热蒸气

火山气体

图 6-3　地球表层的水

会有少量空气充填在它们的空隙之中。水圈包括海洋、江河、湖泊、沼泽、冰川和地下水等，是一个连续但不是很规则的圈层。地球上有生命存在的地方都属于生物圈，包含一切生物及它们的生存环境。这就涉及大量的地球流体，包括了大气圈较低层的气体、沉积岩中的流体、黏土矿物和水。岩石圈包括了地壳和上地幔顶部，厚度不均一，主要由大洋盆地与大陆台地组成。大洋盆地大概占海底总面积的 45%，平均水深可达 4000 ～ 5000 米。

这些圈层中水质流体的组成成分不同且较复杂。总体上说来，在这些流体中，水是最主要的组成，可以含有一些溶解的盐类，如氯化物、硫酸盐、碳酸盐等，同时也可以含有数量不等的溶解于其中的挥发分（气体），如二氧化碳、氮气、甲烷、硫化氢、二氧化硫、一氧化碳等。如果要用一个简单的体系来表述这些地球流体，那么可以由水 ± 氯化钠 ± 二氧化碳来表示，分别代表水、溶解盐类及挥发性气体。

地球表层的流体除了以水质流体为主的无机流体之外，还有一类是以石油和天然气为代表的有机流体。石油和天然气相信大家都不陌生，汽车使用的燃油，灶台上燃烧的天然气，在生活中都是随处可见的。就石油来说，其中未经加工处理的称为原油，是一种很黏稠的油状液体，颜色是黑褐色的并且带有绿色荧光。它还具有特殊气味，是由烷烃、环烷烃、芳香烃和烯烃等多种液态烃类组成的混合物。而天然气是天然蕴藏于地层中以烃类（如甲烷、乙烷等）为主，同时还混有非烃类物质的气体。

3000 多年前的周朝，《易经》中就有"上火下泽"和"泽中有火"等记载，说的是可燃的天然气在地表湖沼水面上逸出气苗的现象。在 1900 多年前，东汉班固所著的《汉书·地理志》中就有记载："上郡高奴（县），有洧水可燃"。是说在现在的陕西延安附近的清涧河水面上有看起来像油一样的东西，可以燃烧。900 多年前北宋的大科学家沈括在他所著的《梦溪笔谈》中写到"石油至多，生于地中无穷"，最早提出了"石油"

这一名称（图6-4）。当时任延州地方官的沈括为探索石油之谜，在大雪纷飞的二郎山下搭起帐篷，进行实地勘察，并且写下了"二郎山下雪纷纷，旋卓穹庐学塞人。化尽素衣冬不老，石油多似洛阳尘"的诗句。在此之后于公元1303年成书的《大元一统志》中曾有记载"在延长县南迎河有凿开石油井，其油可燃，兼治六畜疥癣"。这比美国1859年开凿西方第一口油井要早500多年。

当今社会，随着油气资源需求的不断扩大，油气价格不断上涨。作为一种非常规的天然气资源，页岩气成为全球油气资源勘探开发的新亮点。页岩气是从页岩层中收集的天然气，成分以甲烷为主。在页岩气开采方面，美国是毋庸置疑的领跑者。2009年，美国依靠页岩气的开采，首次超过俄罗斯成为世界第一大天然气生产国。全球天然气供需关系和价格走势，甚至整个世界的能源格局都由于"页岩气革命"的悄然来临而开始发生巨大变化。这将引发世界油气地缘政治革命。虽然我国贫油少气，但页岩气的储量却不低，高居世界第四位。这些突然之间发现的"宝贝"，将为我国通过开采页岩气来调整能源结构，进而改变我国的能源格局提供了可能。

（二）地下12千米的"奇异世界"

既然地球表层存在自由流动的水，那么人们不禁要问：这些地球表层的自由流动的水最深可以达到多少深度呢？实际上，对于这个问题，目前地质学界还没有统一的答案。

碍于地面以下这些坚硬厚重岩石的阻挡，人类是无法对地球内部进行直接观察和研究的。如果想要窥见地球深部的世界，那么寻找方法进入地球内部，去采集需要的各种信息和地球内部的样品就是必经之路，截至目前的最直观的手段一直是科学钻探。通过向地下数千米甚至上万米的科学钻探，科学家可以探索地球深部岩石和流体系统。我国在江苏省东海县成

图 6-4　沈括和《梦溪笔谈》

功开展了井深为 5158 米的中国大陆科学钻探工程（CCSD），在 5118.2 米深处坚硬的结晶岩产出部位获取了气流体样品。德国的联邦德国大陆深钻计划（KTB）的主孔最终达到 9101 米的深度，惊讶地发现 8000 米以下存在着大量的含矿热卤水，即使在 9000 米钻孔深处，也观察到岩石的孔隙，以及其中流动着的水和气体。

目前世界上人类所能揭示最深的钻孔是苏联在科拉半岛打的科拉超深钻孔。"冷战"期间，出于与美国竞赛和科研的目的，苏联于 1970 年在科拉半岛开始了一项科学钻探，试图探测地壳和地幔的界面——莫霍面。在此之前，世界上最深的钻井纪录由美国人保持，是 20 世纪 70 年代美国施工的井深达 9583 米的勃尔兹·罗杰斯 1 号井。在苏联得知美国超深钻计划失败后，科拉超深钻孔的钻探工作趁机启动。受制于当时的技术条件和资金，科拉超深钻孔的工作进展得十分缓慢，从 1970 年开始一直打到 1993 年才结束，最终达到深度 12 千米，成为世界上最深的钻井记录。

当钻探的深度达到 9500 米时，意外发现了一个地层中含有黄金。通过对取出的岩心进行成分分析，发现它的金含量居然可以达到惊人的 80 克/吨。通常来看，地球表层中金含量超过 10 克/吨的矿层就已经很少能找到了，相比之下，这里的金含量比通常的具有商业开采价值的金矿开采品位（3 克/吨）高出 25 倍，是真正的富含黄金的宝藏。科拉超深钻孔钻探过程中同时获得了其他一些令人感兴趣的重要成就，获得了大量井下不同深度的地震测量数据，采集了来自地球深处的岩心，以及探测出在深达12 千米以下的地表之下仍然可能存在液态的水等。

（三）无法移动的水

地球中的固体岩石主要由沉积岩、岩浆岩和变质岩组成。它们是构成地球各个圈层的主要物质基础。我们在第三章和第五章中已经分别了解了沉积岩和岩浆岩。在地壳表层的条件下，先成岩石遭受风化剥蚀作用、生物作用与火山作用形成沉积层，后经成岩作用而成的岩石叫作沉积岩。岩浆岩是岩浆侵入或喷出地表后冷凝而成的岩石。而变质岩就是沉积岩和岩浆岩的"变种"，是早先形成的岩浆岩或者沉积岩在环境条件发生改变时，内部的矿物成分、化学成分或者结构构造产生变化才形成的。

组成这些固体岩石的矿物中或多或少含有水质流体及二氧化碳等挥发分物质，但是与地球表层自由流动的水、气不同，这些流体都被固定在岩石内部矿物的晶体缺陷之中，不能自由移动，称之为矿物中的"流体包裹体"。

最早观察到这一现象的是北宋科学家沈括。他从小勤奋爱学，十四岁就读完了家中所有的藏书。后来他又跟随父亲到处游历，见识了不少奇闻逸事。成年后，他凭着政绩在熙宁六年（公元1073年）就任集贤院校理。在这里，因为职务上的便利，他有机会接触到更多的皇家藏书，进一步充实了自己的学识。在离世前隐居于梦溪园期间，他创作了驰名中外的著作——《梦溪笔谈》。书中对水晶中流体包裹体的记述如下：士人宋述家有一珠，大如鸡卵，微绀色，莹彻如水。手持之，映空而观，则末底一点凝翠，其上色渐浅；若回转，则翠处常在下。不知何物，或谓之"滴翠珠"。也就是现在所说的"水胆"。但是局限于当时的科技手段不发达，人们虽然认为这是一种奇观，但并不能窥见其中的科学道理和寓意。

1826年降生于英国一个富裕中产阶级家庭的英国学者H.C.索比（H.C. Sorby）在15岁的时候就决定要投身科学事业。他用父亲去世后遗留的大笔财富来建造科学工作室，利用当时出现的显微镜开展科学研究，直到1908年他去世的前几天。1858年，他出版了《晶体的显微结构和矿物、岩石的成因》，成了流体包裹体研究者的必读书目。索比最先于显微镜下在石盐中发现了流体包裹体，之后他进行了各种尝试，后来在包括水晶在内的多种自然界产出矿物中观察到各种形态的流体包裹体，终于将流体包裹体这一存在暴露在人们面前。之后，人们通过细致深入地观察研究，对流体包裹体进行了全面科学的定义。流体包裹体是一种被封闭在矿物晶体缺陷中的液体、固体和气体，是自然界唯一可以保存地质时期形成的流体样品。这些流体样品形成于很久之前，最早可以追溯到地球刚刚形成之时。

（四）地球内部"隐藏的海洋"

由儒勒·凡尔纳（Jules Gabriel Verne）所著并于1864年首次出版的长篇科幻小说《地心游记》（*A Journey to the Centre of the Earth*）中描绘了黎登布洛克教授同自己的侄儿在地下经过三个月的旅行，进行科学探险的故事。他们在幻想的地底世界里见到这样的场景：与地上世界所差无几的巨大森林、波涛汹涌的大海，甚至还留存有远古的海兽、古猿人和乳齿象，让人印象深刻的海上电闪雷鸣，以及摄人心魄的岩浆崩裂等（图6-5）。

那么，地球深处是否可能存在有书中所描述的大海呢？通过目前地质学和地球物理学的研究，可以肯定地说，地球深部是不可能存在这样的大海的。但是最近的研究却揭示出地球内部可能存在大量的水。只不过，这种水不是通常意义上的自由流动的水。

地球内部一般被分为上部的地壳、下部的地幔和中心的地核三个部分。许多学者认为地幔是地球水圈的最初起源，认为地幔中储藏了大量的水，是"湿"的。这是因为矿物物理实验研究证明了地幔转换带中的矿物储水能力极强。但其他人认为这些都是理论、猜想，并没有实际样品的实验数据来支撑证明，因此并不能断定地幔就是"湿"的，也可能就是"干"的。这样的争论一直持续到2014年。2014年3月，加拿大艾伯塔大学皮尔逊（Pearson）小组在《自然》期刊上发表研究论文。论文中提到，他们在巴西发现了一块金刚石，这块金刚石从地球深部通过金伯利岩的岩浆通道到达地球表面。金刚石中包裹着一块来自地幔过渡带（410～660千米）的矿物——林伍德石。通过对林伍德石进行红外吸收光谱分析，计算其特征光谱积分面积，进而得到这块林伍德石的水含量约为1%。因

图 6-5 《地心游记》中描绘的地底海洋和巨大的菌类

为地幔过渡带的主要矿物就是林伍德石，所以皮尔逊认为地幔过渡带的含水量也约为 1%。这说明地幔，至少是在地幔过渡带中是含有大量水的。

之后，美国新墨西哥大学地震学家 Brandon Michael Schmandt 和西北大学地球物理学家史蒂夫·E. 杰克布森（Steven E. Jacobsen）在《科学》期刊上撰文指出，地球内部地幔过渡带所含的水量甚至超过地表上海洋总水量的 3 倍，他们称之为"隐藏的海洋"。

那么，既然现在全球都面临着水资源短缺的问题，那我们能否利用现有的这些发现来解决缺水的燃眉之急呢？例如，直接将地球内部的水汲取出来给地表供水。科学家们自然早就尝试过这种设想。然而，虽然这是大多数人的期望，但是结果仍旧无法让人满意。因为皮尔逊发现的水并不是我们日常所需的液态水，而是一种储存在矿物晶体结构中的氢原子基团。在一定的条件下氢原子可以连接在氧原子上，形成结构羟基（—OH），这就是我们所说的结构水。这种结构水与我们所熟悉的液态水天差地别，并不能直接饮用，不过我们并不是来到一个绝境，因为当林伍德石在一定条件下发生熔融时，仍然可以释放出我们认知中的液态水。

三、地球的水循环

（一）随处可见的水循环

地球表层的水是你我都不陌生的朋友，它无处不在，在山河之中，在苍穹之上，在地平线之下，或涌动或静止，形态万千，变化无端，组成了丰富的水系，构建了如今美轮美奂的绝美世界。阳春三月里的一天，头顶的朵朵白云是大气圈的水，脚边潺潺水流是地表水，地下暗暗流动的是地下水，远处奔跑的灰兔体内流淌的是生物圈的水，而在那更远的地方，海水、冰川和极地的冰雪等都是我们的老朋友——水。它不停变换着姿态，或液态或固态或气态，存在于这颗蔚蓝色的星球上。

那么地球表层这些不同形态的水是如何相互循环的呢？地表上存在于河流、湖泊和海洋中的水，在太阳的照射下，以水蒸气的形式上升至天空中以云朵的形式漂流。在遇到寒冷空气或者水汽已经多到"不堪重负"时，便以降雨、雪的形式重新回到大地的怀抱，静默等待着下一个太阳的升起，好再次化身为水蒸气进入下一个循环。在这单系列的循环里，我们人类也深受其惠，毕竟大家洗完的衣服可都指着水儿们在太阳下变成水蒸气脱离，从而变干呢！在地表之内，也存在着这样的循环往复。河流中的水流淌着，一分一寸地往地下深入，最终成为地下的暗流——地下水。随着地壳运动，地下水也会有重见天日的一天，补给到河流之中，或直接汇入大海，回到大海的怀抱之中。还有另外一种特殊的水——冰川。冰川也并不如表面那样冰冷，再寒冷的冰雪，在迎来春天的时节里也会融化成水，形成冰水湖等（图6-6）。

就拿我们中华民族的母亲河之一长江来看，它发源于有"世界屋脊"之称的青藏高原。人们常常见到青藏高原的高山在某个高度以上是常年覆盖着冰雪的。这是因为"高处不胜寒"，越往高处山上温度越低，当高度超过某一特定值时，雨水都以冰雪的形式存在，而这一特定的高度则称为雪线。雪线的高度在各个地区是不同的，青藏高原的雪线高度为5500～6000米，而北极地区的雪线高度则降至海平面。这些冰雪在温度回温时会融化成水，形成数以万计的涓涓细流，从三江源头沱沱河到青海玉树通天河，最后汇聚流入长江上游，为长江提供源源不断的水源。

长江流经11个省、自治区和直辖市，形成通天河、金沙江、岷江、扬子江等著名河段。自古以来，整个长江流域不仅养活了人类，也为许许多多的生物提供了生存环境。长江上游孕育了珍稀的白鲟、达氏鲟和胭脂鱼等特有鱼类；中下游产出著名的中华鲟、扬子鳄、白鳍豚等珍稀物种。最后，所有支流汇入干流，经过多达数千千米的长途跋涉，汇入东海。

图 6-6　地球表层的水循环

（二）隐藏在地球深部的水循环

水循环不仅陪伴在生活于地表上的我们的身边，也充盈在地球深部的各个圈层中，沟通连接着从最表层的地壳到最深部的地核。只是水在地球深部要以更加丰富的形态来充当通信员，就仿佛是勤勤恳恳做着地下工作的人们，为了不被发现而要以更加千变万化的形态来传达信息，如以含水矿物组成中的一分子来暗度陈仓，又比如偷偷地依附于名义上的无水矿物之中。而经过克己敬业的科学家们的研究发现，这位朋友虽然无处不在，但是也会有偏好的地方，上下地幔之间小小的过渡带是它的最爱，水在其中所占的比例最高，可达49%。

地球表层和深部流体之间是可以循环的，使地球生生不息并充满活力。1906年维苏威火山喷发时的水蒸气柱高达13 000多米，一直喷发了二十多个小时，使得当时的人们啧啧称奇。但由于科技水平的限制，当时的人们对这类现象冠以宗教的名义。随着时代的进步，人们逐渐发现了其背后的科学原理。火山喷发是地球水循环的重要一环，俯冲带更是占有重要地位。地表的流体伴随着大洋板块的俯冲，被携带进入地球内部。在经历一系列地质过程后，深部的流体又在火山喷发过程中以水蒸气的形式返回大气圈中，就构成地球深部的水循环系统。从现代火山的活动情况来看，几乎每次火山喷发气体中都有75%以上的水蒸气喷出。一方面，在火山喷发活动比较频繁的地区，地球内部的水由于热熔岩而温度升高。另一方面，随着深度的增加，地温梯度逐步增加，循环到地球内部的水也会被加热，使得温度升高。由于地壳中裂隙的存在，深层的地下水就可以找到一个通向地表路径，就会产生温泉。中国古代四大美女之一的杨贵妃就和温泉有着密切的关系。华清宫的温泉池见证了唐玄宗与杨贵妃的帝王爱情。虽然这位美人贵妃最后殒命于马嵬坡，但也创造了至今回味无穷的美丽瞬间——贵妃出浴、七夕盟誓。

四、地球碳的"轮回"

你感受到全球变暖了吗？近年来，全球变暖引起的"天灾"已经越发严重。全球变暖导致海平面上升，使得部分海拔较低的沿海地区面临被淹没的危险。太平洋中的一些岛屿，如日本的一个小岛已经于2019年"消失"于海中，印度尼西亚首都雅加达成为"即将被淹没的城市"，基里巴斯更是面临着"灭国"的危险。这都让我们真真切切地感受到全球变暖带来的灾害。工业革命以来的100多年，全球平均气温稳步上升。这主要是因为人类活动向大气中排放了大量的温室气体——二氧化碳，使得大气中二氧化碳含量过剩，打破了碳循环的平衡。为了维持碳循环的平衡，减少大气中的二氧化碳含量，多国政府共同制定了碳排放条约，努力减少碳的排放。与此同时，人们还想办法"捕捉"大气中过多的二氧化碳，如利用煤炭中的孔隙将其吸附等。

碳循环的研究因全球变暖问题的日益突出，受到越来越多的关注。碳循环可分为地球表层的碳循环和地球深部的碳循环。地球表层的碳循环，是指碳在大气圈、水圈、生物圈及岩石圈中迁移交换，通常时间较短（万年尺度内）。地球深部的碳循环，是指通过板块俯冲作用把地球表面含碳的物质带入地球深部，然后再以二氧化碳的形式通过火山作用等释放到大气中。一个往复循环就能经历相当漫长的时间（百万年以上）。

自17世纪认识二氧化碳和18世纪发现光合作用以来，人们对碳循环及其对人类生存环境的影响已经探索了近400年。1896年，第三届诺贝尔化学奖得主瑞典皇家科学院院士斯万特·奥古斯特·阿伦尼乌斯（Svante August Arrhenius）就曾推测大气中的二氧化碳含量对地球温度变化存在影响。当大气中二氧化碳浓度翻倍时，地表温度将会上升5~6℃；而当浓度下降一半时，则地表温度将下降4℃。如果大气中的二氧化碳完全"罢工"消失，则地表温度将下降20℃。如今，阿伦尼乌斯的推测已被确认为不争的事实。那么大气中的二氧化碳含量是由什么调节的呢？一百多年前，美国地质学家、威斯康星大学校长张伯伦（Chamberlin）认为，地质作用可以影响大气中的二氧化碳含量，如火山喷发能够向大气释放二氧化碳，地表岩石的风化则会消耗大气中的二氧化碳。大气中的二氧化碳收支不平衡就会引起地球的冷暖交替。近些年来由于新研究手段的出现，提高了过去环境变化过程资料的分辨率，人们也更加关注温室效应及各种地质作用对全球碳循环的影响。

（一）地球表层的碳循环

南极大陆极端寒冷，年平均气温低至 −25℃，被称为"世界寒极"。这是地球上唯一一块没有人员定居的大陆，终年被一整块巨大的冰所覆盖，冰的面积非常大，约 1400 万平方千米，约相当于我国国土面积的 1.5 倍。不仅面积大，这块冰还非常厚，平均厚度可达 2133 米。南极冰如果全化了，全球的海平面将会上升六十多米，威胁到人类的生存。所以，即使南极的气候再恶劣，仍有科学家在这里开展工作。南极冰是经过几百上千万年一层层积累下来的，科学家通过钻取冰心来获取南极冰中积累的信息。南极冰心是研究全球气候变化的"密钥"，如同大自然的"年轮"一样，记录了百万年来全球气候的演变过程。冰期时，二氧化碳的浓度低，指示全球气候变冷；间冰期时，二氧化碳的浓度高，指示全球气候变暖。

从地质学的角度来看，地球表层的碳主要储存在大气、海洋、生物及岩石圈中。不同储库间碳的容量差别非常大，并且圈层之间碳循环的时间差距也各不相同。时间长的，可以是深海碳酸盐的沉积与溶解；时间短的，则有海洋通过生物与大气之间进行的碳交换。总的来说，碳储量越大的地方，碳的交换越慢。岩石圈中的碳储量最大，比大气、海洋和生物中碳的总量还高 3 个数量级。海洋中的碳储量是大气中碳储量的五六十倍。

那么，地表各大储库中碳究竟是如何循环的呢？大气圈中的碳通过植物的光合作用进入生物圈，变为生物有机碳。生物的呼吸作用会把体内的一部分碳化合物释放到空气中，而另一部分碳则残留在体内，在它死亡后通过微生物的分解作用回到大气圈。不过有的生物遗体在被分解之前就会被埋藏在岩石中，经过悠长的年代，转变成为煤、石油和天然气等，储存在岩石圈。这些化石能源中的碳通过人类燃烧燃料而形成二氧化碳排入大气。岩石风化后，其中的碳酸盐可以通过河水汇入大海，进入水圈。二氧化碳不断往复于大气和海水之间，实现水圈与大气圈中碳的简单循环。这些形形色色的方式组成了地球表层的碳循环。

（二）地球深部的碳循环

近几十年来，人们对地球表层的碳循环已经有了较深刻的认识，但对地球深部碳循环的研究尚处于起步阶段。随着对地球环境的关注，人们对地球深部碳循环的关注度也明显提高。深部碳循环的概念最早是在 1982 年由贾沃伊（Javoy）等通过对洋中脊玄武岩中碳同位素观察推导出来的。他们指出地球表层的碳循环无法消耗掉地球外部圈层所排放的碳，这些多余的碳只能通过大洋板块的俯冲带入地球的深部——地幔。地球深部的碳循环是指在地质历史时期，海洋中沉积的大量深海碳酸盐通过洋壳的俯冲被带至地球深部，最后又通过火山作用返回地表和大气中，形成地球深部与地球表层之间的碳循环。

中国东部沿海地区与日本是一衣带水的邻居，虽隔着茫茫大海，但仍极其相近。中国东部与日本最近的距离只有 170 千米。地质工作者通过对岩浆岩镁同位素研究，对发生在中国东部沿海地区和日本之间的深部碳循环过程进行了示踪。提出了中国东部与日本的碳循环模式。推测日本海底巨量的碳酸盐岩通过太平洋板块的俯冲作用，被带到中国大陆东部底部的地幔位置，由于温度压力等升高，这些碳酸盐岩融化形成富镁碳酸盐的熔体，而后通过火山作用以二氧化碳的形式喷发到地表，排放到大气中。

五、无尽的宝藏

流体在热液矿床的形成过程中扮演着非常重要的角色，为人类带来无尽的宝藏。地球上的流体不仅为所有生物提供了生存的保障，而且流体中还含有丰富的金属成矿物质，当遇到合适的温度、压力时，在合适的地方就会安定下来，形成各种各样的金属矿产，为人类带来社会发展必不可少的生产资料。同时，流体中富含的各种烃类物质，在随着流体移动的过程中不断"招兵买马"，当发现合适的储层部位时，就能形成人类生活离不开的能源——石油。

（一）人见人爱的"黄金"

黄金是人类所共同追求的财富。大约在3900年前，古埃及最早发现了黄金。从世界各个文明古国的历史可以看出，黄金凭借其特殊的物理化学性质和耀眼夺目的光泽，以永恒的魅力成为人类文明的基石和标志。在人类漫长的文明史中，黄金可直接作为货币使用。黄金在世界上是一种自由外汇、重要的支付手段和储备手段。1821年，世界上最早的资本主义国家——英国，首次采用了金本位制度。金本位制度是指用黄金来规定所发行货币代表的价值。四五十年后，金本位制度在欧洲和美洲开始盛行起来。而大约于1880年年末，世界上第一个国际货币制度出现了，就是以黄金作为国际储备货币或国际本位货币的国际货币制度——国际金本位制度。这是其他任何金属都不能比拟的。

如今的美元货币体系是在第二次世界大战结束后建立的。2007年的那场国际金融危机使得美元货币体系的矛盾和弊端不断显露，各国开始纷纷议论重构国际货币体系。近年来，世界多国的央行都在逐步增加黄金储备，同时提前运回原本寄存于美国或英国的黄金。俄罗斯央行大量囤积黄金，致使其黄金储备量进入世界前五位。2012年，委内瑞拉将海外的共计160吨黄金取回,荷兰也将122.5吨黄金储备运回国内。此后,德国、土耳其、奥地利、匈牙利等多国也宣布提前运回存在英国和美国的黄金。可以看出,曾经强势的美元已慢慢失去了信誉。这让不少人开始念想金本位制。

金在地壳中的平均含量很低。如果要形成有开采价值的工业矿床,金则至少要富集上千倍;要形成大矿或富矿,金则需要富集几千至几万倍甚至更高。那么究竟是什么样的过程能将这些含量极低的金聚集在一起,最终形成金矿呢?这个问题也曾经萦绕在各个地质工作者的心头,最后终于发现,流体在其中起着重要的作用,这些极度分散的金主要就是依靠着流体的搬运才聚集到一起的。现在我们已经知道,金矿床的形成过程离不开流体作用。那么金又是怎么被流体搬运的呢?又需要多少流体?又要花多少劲才能把十亿分之一浓度级的金聚集成这么大的金矿呢?

让我们直接通过现实的例子来看看吧!南太平洋西部的巴布亚新几内亚利希尔岛拥有一个世界上最年轻也最大的金矿床——拉多兰金矿。它的形成过程与拉多兰地热系统密切相关,它的成矿作用仍然在持续进行之中,是目前唯一的活动热液金矿床。这个矿床有1300吨黄金,是世界上最大的矿床之一!我国最富集金矿的地区山东的胶东半岛,在2011年以前的总储量才1294吨,拉多兰金矿的黄金储量甚至比整个胶东半岛黄金储量还要多!拉多兰金矿的成矿流体是一种氧化的硫酸盐-氯化物型卤水,主要由岩浆水组成,可能起源于俯冲大洋板片的深部脱水作用。这种成矿流体高度富含金元素,平均可达15毫克/吨,而且以比较快的速度向上迁移沉淀,导致一个巨大的热液金矿在短时间内形成。照目前的沉淀速度(每年沉淀24千克的金)和如此富金的成矿流体的存在,在相似的成矿机制下,再过55 000年,即可富集1600吨金,形成较目前规模更大的金矿床。

（二）正在发生的成矿作用——海底热液硫化物矿床

我们现在所看到的部分矿产资源，原是形成于海洋的，只是历经沧海桑田，经过数亿年的地球变化之后，在各种机缘巧合下被抬升到地球表面或接近地表的位置，从而被人类发现和利用。占地球总面积约71%的海洋中蕴藏着丰富的资源，是全人类的宝库。海洋中除了炙手可热的深海石油、天然水合物等，还产有热液矿床。前面已经提到，陆地上的热液从地下喷出形成温泉，而海底的热液喷出可能会形成什么呢？答案就是热液矿床。目前陆地上广泛分布的块状硫化物矿床，实际上原来就是形成于海底的热液硫化物矿床（简称VMS矿床）。

随着陆地资源的逐渐枯竭，各国纷纷把目光投向深海。载人深潜器的出现，使得深海观测不再遥不可及。美国"阿尔文号"载人深潜器是世界上第一台深潜器，最深可达海底8000米，开启了人类探索深海资源的新篇章。中国目前也有了自己自主研发的深潜器——"蛟龙号"载人潜水器。它曾于2012年6月在马里亚纳海沟创造了下潜7062米的载人深潜纪录，同时创造了世界同类作业型潜水器的最大下潜深度纪录。"蛟龙号"对于我国开发利用深海资源有极其重要的意义，由此我们终于可以在海底直接观察和研究VMS矿床了。

2015年1月2日，"蛟龙号"首次在位于西南印度洋的中国多金属硫化物勘探合同区执行下潜科考任务，此次任务采集到多金属硫化物、高温高压热液流体及各种深海生物样品，并测量到一个深海热液喷口温度为352℃。从"蛟龙号"拍摄的视频中可以看到，在地形复杂的海底热液区上，林立着大小高低各不相同的硫化物"黑烟囱"。一些浓浓的"黑烟"正不断地从硫化物"烟囱口"中喷发出来，并在向上喷发的过程中逐渐扩散到海水中。

海底热液区被认为是20世纪的一项重大发现，是世界各地科研人员的天然海底实验室。从1977年科学家乘"阿尔文号"深潜器在加拉帕戈斯裂谷首次发现海底热液区以来，至今人类已发现了几百个海底热液区。海底热液区主要分布在太平洋、大西洋及红海中。冰冷的海水从洋壳裂隙渗入地下岩层，被洋壳之下的岩浆加热，将岩层中的金、银、铜、铅、锌等金属元素携带其中，形成含矿热液。含矿热液上升喷发到海底，与周围冰冷的海水混合，由于温度和成分的巨大差异，快速沉淀到附近的海底形成富含金、银、铜、铅、锌等金属元素的硫化物。

海底热液向上喷发的过程像冒出浓密的黑烟，因此被形象地称为"黑烟囱"。有的热液喷出后，并非形成金属硫化物组成的"黑烟囱"，而是形成"白烟囱"，这是怎么回事呢？原来这些热液中几乎不含铜、铅、锌等金属元素，烟囱体主要由石膏、重晶石等硫酸盐矿物组成。此外，由于缺乏食物来源，深海一直被认为是生命的禁区。但是，在温度高达 400℃ 的"黑烟囱"喷口附近却发现了繁荣的生物群落。这里的生物具有耐高温、耐硫化物等特点。例如，贻贝和盲虾等动物就生活在"黑烟囱"喷口附近。

（三）"俯冲工厂"与斑岩–浅成热液型铜、金矿的形成

子弹大多是由黄铜制成的。黄铜的延展性好、强度高，比钢更耐腐蚀。但为什么中国制作子弹不用黄铜反而用钢呢？有人说，这是为了省钱，但实际上却是因为中国缺铜。我国目前铜的对外依存度达 50% 以上，铜价上涨，在一定程度上制约着我国经济的发展。

铜矿最主要的产出部位为板块俯冲边界，这些部位提供了世界上约 79% 的铜。板块汇聚边缘的俯冲系统可以被生动形象地比作一个工厂，其中俯冲的大洋板块（包括海底沉积物、火成岩洋壳和岩石圈地幔部分）是输入工厂的原料；俯冲过程中发生的脱水、变质和熔融作用等是工厂的内部工艺；从弧前区逸出的水流体、气体及蛇纹岩底辟，从弧与弧后区喷出的岩浆，以及生成的矿床等均是工厂的产品（图 6-7）。

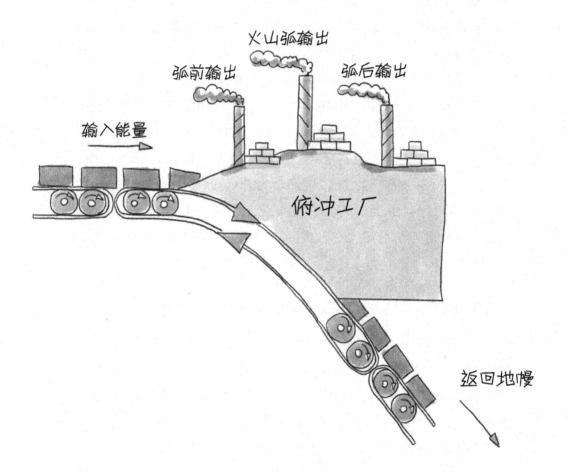

图 6-7 "俯冲工厂"

"俯冲工厂"的运作导致板块汇聚边缘的构造环境、岩浆活动、沉积作用复杂多样，为各类矿床的形成提供了优越的条件。斑岩-浅成低温型铜、金矿床是板块俯冲边界最重要和最典型的产物。沿环太平洋带尤其是美洲一侧，是世界上最重要的斑岩-浅成低温热液型铜、金成矿带，分布有大量的千万吨级以上的超大型铜、金矿产。这些矿产都是沿环太平洋板块分布的"俯冲工厂"的产物。在太平洋板块的巨型俯冲再循环过程中释出的水和挥发物导致岛弧火山岩的产出，同时俯冲板块释出的流体携带大量的铜、金、银等金属元素，进而在上覆的合适构造部分聚集成矿，形成俯冲带上大量分布的斑岩-浅成热液铜、金矿床，进而构成著名的环太平洋成矿带。

　　"俯冲工厂"不仅生产铜、金矿床等产品，也会有其他的产品，如珍稀的稀土资源。稀土是军工、电子、冶金等众多领域的重要原材料，中国稀土储量最多时约占世界的71%，居世界第一位。我们都知道中东地区有石油，中国有稀土。中国的稀土出口政策一直是全球关注的焦点之一。2009年中国采取稀土出口管控措施后，立即引发了美国和日本的战略关切。为了摆脱对中国稀土的依赖，日本正在积极地研究深海中的稀土资源。2014年，日本东京大学的加藤泰浩研究组在太平洋中部及东南部发现了大量稀土，首次确认了海底存在着具有开采价值的稀土资源。目前，科学家推断海底可能蕴藏着800亿～1000亿吨的稀土资源，相当于陆地已探明稀土金属储量的1000倍。但是基于当前技术水平，各国均不具备开采深海稀土资源的能力。

　　过去人们普遍认为稀土矿主要形成于大陆裂谷带内，如世界最大的稀土矿——中国白云鄂博稀土矿。然而最近的研究发现，稀土矿也可以产于由板块俯冲作用引起的大陆碰撞带环境。四川西部的冕宁-德昌稀土成矿带就是一个典型的实例。随着洋壳的俯冲（也就是"俯冲工厂"的运作），将大洋中富稀土和二氧化碳的深海沉积物带到地球深部交代岩石圈地幔，被交代的岩石圈地幔发生部分熔融形成富稀土的碳酸盐岩浆，分离出高温富稀土流体，随着压力降低，流体沸腾导致稀土大量沉淀，最终形成稀土矿。

（四）流体的长途奔袭与 MVT 铅锌矿的形成

与上述海底热液矿床不同，密西西比河谷型铅锌矿床（简称 MVT 型铅锌矿）的成矿流体并不是来源于矿床附近，而是经过长途奔袭之后在合适的地方形成的一种矿床。MVT 型铅锌矿是全球最重要的铅锌矿床类型，约占世界铅锌矿产资源总量的 27%，具有重要的经济意义，因其代表地区位于美国中部密西西比河流域而得名。

MVT 型铅锌矿床大多赋存于海洋中沉积的碳酸盐岩中，因此人们曾一度认为此类矿床的成矿流体来自海水。但是，现在的研究发现，其成矿流体应该是盐度很高的盆地卤水。矿区范围内一般不出露岩浆岩，就算少数矿区发现了岩浆岩，也被证实与成矿无关。尽管这类矿床在加拿大、意大利、波兰、美国、中国等均有分布，但最典型的矿集区还是位于美国中部地区和加拿大西北地区。MVT 型铅锌矿床一般规模较大，成群分布。要形成这样的矿产集中区，必须要有大规模的流体参与成矿。

那么，这么多的流体从哪里来，又是怎么成矿的呢？MVT 型铅锌矿床的形成多与碰撞造山活动关系密切。造山过程中由于山体抬升形成山脉，山脉与盆地之间产生了巨大的地形高差，使大气降水从造山带一侧下渗到相对透水的碎屑岩层中。之后，在重力的驱动下，大量的流体向盆地中流动。在这一过程中，参与深部循环的地下水与盆地沉积物封存的卤水受地热增温的影响溶解了周围地层中的盐分、油及铅、锌等成矿物质后，这些流体变成了含矿的中低温热卤水。这些含矿的热卤水与油田卤水相似，与油气相伴生，含盐度高。当这些含矿的热卤水到达盆地的另一侧时，在有利的地层和构造环境中释放出铅、锌等成矿物质而形成 MVT

型铅锌矿床。从山脉到形成 MVT 型矿床的部位，流体迁移的距离动辄 200~300 千米，最远甚至能达到 1000 千米，真是令人咋舌！

（五）化腐朽为神奇的"黑色金子"

石油是重要的化石能源，被称为"黑色金子"，是蕴含在地表深部区域的重要宝藏，为人类社会的发展贡献着重要作用。我们可能以为地下某个区域存在着一个大空间，石油藏在里面，只要我们打穿地表，就能获得足够多的石油。然而，实际情况却不是如此，石油是存在于岩石的孔隙和裂隙中的，要想获得石油是一个浩瀚的"大工程"（图 6-8）。

那么，地下的岩石都能生产出石油吗？当然不能，只有一些特殊的岩石才能生产石油。这类岩石叫作烃源岩，是一种棕色-黑色、有机质含量高的沉积岩，主要成分包括有机质和矿物。烃源岩中的有机质形成石油，这种有机质来自远古时期的细菌和藻类。

现在我们知道地下大量的石油源自大量的细菌和藻类，那么哪些地方能够富集、保存好如此多的有机物质呢？答案当然是湖泊或近海。这些地方的细菌和藻类多，它们死亡后埋藏在湖底或者海底，经过数万年、数百万年的沧海桑田般的变化，变成烃源岩中的有机质。在地下合适的地方，这些烃源岩中埋藏的有机质受到温度和压力的作用而慢慢出现黑色流动的流体，就是最初的石油。这个过程如同薄荷叶经过加热蒸煮获得薄荷油的过程。

烃源岩中的石油形成之后，受到地下流体作用驱动而发生迁移，进入含有大量孔洞或者缝隙的岩石地层中，这些区域被称为"储层"（储集石油的岩石地层）。然而，石油进入之后并不是固定不动的，仍然可以继续流动到别的储层中，甚至流动到地面而散失，导致我们无法从地下采集到石油资源。这就让"盖层"变得尤为重要，它是密不透风的，如同一顶帽子般牢牢地盖在富含石油的岩石之上，阻止石油散失。例如，岩盐层具有

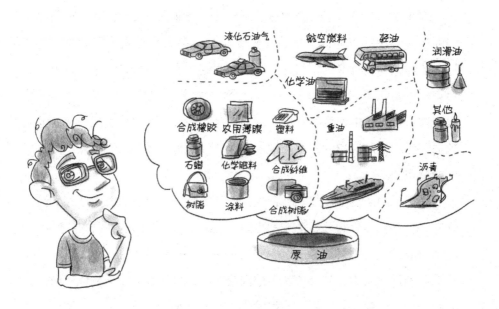

图 6-8　石油形成示意图和"工业血液"——石油

难以渗透的特性，是非常好的"帽子"，因此通常在盐矿附近就可能会出现丰富的石油资源。因此，我们可以尝试不断寻找这种"帽子"，从而发现可能藏在"帽子"下的石油资源。

石油是世界上至关重要的战略物资和能源，密切关系到国民经济、社会发展、国家安全等问题。从个人的衣、食、住、行，到国家的工、农、运、防，方方面面都离不开石油。众所周知，石油最主要的产地位于中东地区。提到中东地区，不禁让人想到伊拉克和科威特等时不时传出来的恐怖袭击新闻，大家对其的印象往往都是"战乱不断"。为什么会这样呢？其中很大一部分原因是中东地区地下有着丰富的石油资源，中东地区各国绝大多数都是石油的主要输出国。

（六）因矿而生的城市

中华人民共和国成立之后，伴随着社会主义建设高潮，矿业城市如雨后春笋一般不断涌现。特别是改革开放以来，我国矿业获得全面且高速的发展，兴起了白银、个旧、大庆、东营、攀枝花、克拉玛依等一大批现代型矿业城市。

白银市位于甘肃省中部。铜产量居全国前列，又称"铜城"。明朝洪武年间，官方在距市区 10 千米处的火焰山、凤凰山、铜厂沟专设办矿机构"白银厂"，有"日出斗金，集销金城"之说。中华人民共和国成立后，国家于 20 世纪 50 年代在白银兴建 156 项重点工程之一的白银有色金属公司，白银市积聚发展为工矿城市，并缘此而得名。

个旧市位于云南省南部，以盛产锡而闻名于世，素有"锡都"之称，因锡而立，以锡而兴。至今，个旧仍流传着"先有锡，后有市"之说。这座城市具有悠久的矿业开发历史。从汉代起就开始在此地开采银、锡、铅金属矿产；到了元、明时期，开采铜矿产；清代以后，锡的开采规模越来越大，产量居全国第一。

大庆市位于黑龙江省西南部。素有"天然百湖之城，绿色油化之都"之称，是中国最大的石油石化基地。1959 年国庆十周年前，在东北松辽陆相沉积盆地中找到工业性油流，并在大同北面高台子附近喷出了工业油流，遂以"大庆"命名油田。以铁人王进喜为代表的老一辈石油人，在极其困难的条件下，通过坚持不懈的努力，一举为我国甩掉了"贫油"的"帽子"。

东营市位于山东省东北部，是中国第二大石油工业基地——胜利油田的崛起地。1964 年，东营成为华北石油勘探会战基地，第二年为支援和配合石油开发会战，中共山东省委和惠民地委决定在此设立县级工作机构——中共惠民地区东营工作委员会和东营办事处。随着石油工业的开发和地方经济建设发展，1982 年 11 月 10 日，国务院批准设立地级东营市。

六、地球流体给人类带来的灾难

地球上的流体是把双刃剑，既给人类带来便利，也给人类带来灾难。常见的洪灾、地震与海啸等地质灾害无一不与流体密切相关。

（一）流体活动与洪灾

自古以来，中国人民广受洪水灾害。洪灾是暴雨、冰雪消融等造成江河湖海中水位急剧上涨的水流现象，是世界上最严重的自然灾害之一。从客观上来说，洪水是"天灾"，具有不可抗的成因。但人类长期以来造成的森林破坏又是洪水频发的重要原因。洪水来势凶猛，破坏性极大，不但会淹没房屋，造成人员伤亡，还会卷走一切可以卷走的物品，对国民经济造成破坏。

"史前大洪水"是人类文明的共同记忆，东西方许多国家对其都有着记载和传说。中国关于这场大洪水的记载有大禹治水的故事，西方则是诺亚方舟的传说，并且二者记录的时间点相对一致（大约为公元前2370年）。但由于这场大洪水的年代太过久远，至今还有人质疑它的存在。不过地质学家们始终相信像"史前大洪水"这样的大洪水可能真实发生过，这是因为地球处于冰河世纪的末期时（距今大约一万年），北极巨厚的冰川开始融化，导致海平面至少上升了2米。这就意味着，如果在今天，英国伦敦和美国纽约将被淹没，难以想象这是一场多么大的灾难！

中国是一个水灾频发国家。在中国，"洪水"一词出自先秦《尚书·尧典》。自那时起的四千多年中，古籍中记载过很多次水灾。1931年发生在我国长江流域的大洪水被认为是人类历史上最严重的自然灾害之一。长江流域经过长时间的暴雨之后，洪水开始泛滥。由于人口众多，稻田又被洪水摧毁，导致大规模的饥荒，并且河水受到污染，造成传染病流行。那时我国处于持续战乱时期，政府没有做好应对工作，导致死亡人数高达370万左右。而之后1998年发生的那场大洪水虽然影响范围广、持续时间长，但在党和政府的领导下，军民一心，奋勇抗洪，中华人民共和国成立以来建设的水利工程也发挥了巨大作用，大大减少了灾害造成的损失。因灾死亡的人数比1931年要少得多，仅死亡4150人。

洪灾会造成大量的财产损失与人员伤亡，不过人类一直也在积极地与洪灾做斗争。四川被称为"天府之国"，它的省会成都是一个平原，但在古代却是一个水灾十分严重的地方。当时，每当岷江水患，成都平原就成为一片汪洋，成为其生存发展的一大障碍。为了治理水患，战国时期著名水利工程专家李冰父子修建了大型水利工程——都江堰（图6-9）。它是迄今世界上留存下来的年代最久的宏大水利工程，并且现在都还在使用，两千多年来一直防洪灌溉着成都平原。

图 6-9 李冰父子和都江堰

（二）流体活动与地震

古之论地震者甚繁，西周的《国语》一书中阳伯甫曾说："天地之气，不失其序……阳伏而不能出，阴迫而不能蒸，于是有地震"。其后北宋的程子道："凡地动只是气动……秘郁已久，其势不得不奋"。清朝康熙皇帝也曾如此论地震"大凡地震，皆由积气所致"。此类说法虽然并不具有科学性，但表示古人认识到地震的形成与流体有关。

现代地质学研究表明，俯冲板块可以将流体带入地下深处，在地下狭小的空间里，越往地下深处，压力则越大，温度也越高。那么，随俯冲带进入地球深部的深海沉积物会发生脱水，被水化的上覆岩层熔点降低，从而形成携带大量流体的熔体。由于这些熔流体上涌，则可能造成火山喷发，甚至形成深源地震。同时，在地球表层，流体下渗会改变地下断层等薄弱区域的原有应力场状态，为了达到新的平衡，就会发生断层滑动等，从而天崩地裂，引发浅源地震。

发生于1966年3月8日的中国邢台地震就与流体有千丝万缕的联系。邢台地震共造成8064人死亡，灾情严重。震后，周恩来总理亲临灾区指导赈灾工作，百姓的苦难使他落泪。他提到，前人只留下地震的记录，但没有留下经验，这次地震让我们付出了惨重的代价，我们必须从中获得经验。震后立即成立的地震综合考察队开始到各个村子里向人民群众广泛地搜集地震前兆。后来发现，地震前，村里一口古井老是冒泡，井水上涨了许多，并外溢出来，才知道这是地震的前兆！自邢台地震以来，我国大力开展地震预报工作，流体异常成了其中一项重要指标。在1975年2月4日，专业人员根据小震后有大震、地下水位异常等现象成功预报了辽宁海城地震，拯救了10万余人的生命，避免了数十亿元的经济损失。当时一位美国记者将其称之为"科学的奇迹"。

虽然海城地震的成功预报，地震工作者有着不可磨灭的功劳，但是地震的奥秘还未完全解开。地震的形成很复杂，流体只是其中的原因之一。并且，虽然我们已经能通过流体异常等现象来判断是否有地震发生的可能性，但是我们却仍然无法确定地震发生的具体时间。因此到目前为止，地震工作者还不能完全准确地预报地震。例如，2008 年 5 月 12 日震惊世界的四川汶川特大地震，在震前就有许多匪夷所思的流体异常事件发生，如井水水温升高、水位异常等，但由于形成汶川地震的原因还很多，无法准确预报其发生的具体时间，从而导致 69 227 人遇难或失踪。

地震发生后还会诱发一些地质灾害，如泥石流等。地震后的土地或者岩体，如遇暴雨的冲刷和浸泡，更容易发生滑坡，垮塌的山体携带大量的泥沙和石块形成特殊的洪流——泥石流。泥石流流动的全过程通常只有几小时，短的甚至只有几分钟，顷刻之间就会造成巨大的损失。2018 年 8 月 7 日发生在甘肃舟曲县的特大泥石流就是由于 2008 年 5 月 12 日的汶川地震震松了山体，导致山体松动，容易垮塌。山区突遇特大的暴雨和强降雨后，降水量达 97 毫米，持续 40 多分钟，流体沿着裂隙进入岩体深部，导致岩体崩塌、滑坡，形成泥石流，流经区域被夷为平地。

（三）流体活动与海啸

不仅发生在陆地上的地震会给人类带来灾害，发生在海底的地震也会给人类带来灾祸。海底的地震是引发海啸的主要原因，这些海底地震的震源一般在海底下 50 千米以内、震级往往达到里氏 6.5 级以上。海底剧烈震动之后不久，震荡波在海面上以不断扩大的圆圈快速传播到很远的距离，犹如石头掉进湖面产生的波一样。震荡波刚形成时，波高不高，但当到达海岸浅水地带时，由于波长减短，波高急剧升高，通常可形成数十米的"水墙"。海啸发生时，从海底到海面的所有海水都会发生剧烈的抖动，传播速度高达 700~800 千米 / 小时，且随海底深度的增加而增加。巨大的水流以极快的速度穿越海洋，奔向城市，瞬间淹没陆地，夺走生命财产，造成不计其数的伤亡。

2004 年 12 月 26 日的印度洋海啸，震级高达 9.3 级，导致了约 23 万人死亡，是死伤最惨重的海啸灾难。此次海啸波及许多印度洋孟加拉湾沿岸国家和地区：印度尼西亚苏门答腊岛、泰国南部、印度东南海岸和安达曼群岛、斯里兰卡、马尔代夫、索马里等。通常认为，海浪的高度与海洋的深度是对称的，也就是说，海面到海底有多深，海啸所产生的海浪就能有多高。根据当时的记录，其海浪有十多米高，海水直接冲进海岸，导致一些地方下沉，泰国普吉岛大片土地被海水淹没，造成 5395 人死亡，印度尼西亚亚齐省被 2 米深的海水淹没 2 小时，一些岛屿甚至发生了水平位移。

不同于国外许多沿海国家深受海啸的侵害，虽然我国拥有漫长的海岸线，但是幸运的是，我国却不会发生灾难性的海啸。这是因为中国四大海域的水深没有超过 400 米的，其中渤海和黄海的平均水深甚至低于 50 米。另外，我国的沿海地区外围被一系列的岛弧包围着，如日本岛弧等，故而就算有海啸发生，等到海浪到达我国沿海地区时，它的破坏力也已经被削弱大半了。所以我国受海啸的影响还是很小的。

从本章的描述中我们了解到，流体的主要成分是水，水是一切生命存在的前提，没有生命能完全离开水后生存。水的存在造就了生机勃勃的地球，带来了人类文明。

流体可以存在于地球的不同部位，从大气圈到地核，都可能存在流体。流体的存在方式多种多样，以水为例，最常见的是分布于地球表层的自由流动的水，但是也有呈结构羟基形式存在于地球深部的无法移动的水。

流体在地球表层和地球内部进行不断循环，涉及大气圈、水圈、生物圈、地壳、地幔、地核等。一方面，流体为人类社会带来生存的物质基础——矿产资源和化石能源；另一方面，流体也会给人类带来灾难，引发洪灾、地震与海啸，给人类社会带来毁灭性打击。

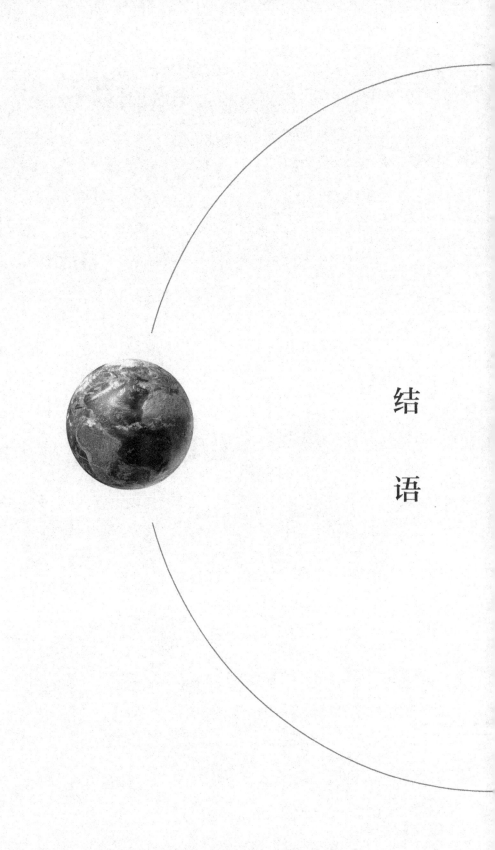

结

语

地球是有生命的。它的内心世界很丰富，生气时喷火山，激动时发地震，借此表明自己是活着的。当地球上不再有地震，不再有火山，大气圈、水圈和生物圈消失，在某种意义上来说，地球就死了。不过，地球的寿命非常长。它现在的年龄是 46 亿年，正处在壮年阶段，预期寿命可以达到 100 亿年。

地球一直在变化，在每个历史阶段都有不同的特点。从地球形成，到出现最早的地壳，到地表圈层形成，再到出现海陆分异、出现大陆漂移、形成"资源工厂"等，这些不同的演化阶段构成了地球的生命历程。

在我国的神话传说中，18000 年前，盘古开天辟地，女娲造人造万物。在西方的《圣经》中，地球的形成也不超过 1 万年。

18 世纪初，英国物理学家哈雷提出，假设海水形成时是淡的，根据每年由陆地冲洗进入海洋的盐分及海水中总含盐量，推测地球的年龄大概 1 亿岁。1854 年，德国伟大的科学家亥姆霍兹根据其对太阳能量的估算，认为地球的年龄不超过 2500 万岁。1862 年，英国著名物理学家汤姆生说，地球从早期炽热状态中冷却到如今的状态，需要 2000 万～4000 万年。

20 世纪初，科学家发明了同位素地质测年方法，根据当时获得的岩石的最大年龄，提出地球有 35 亿年。但是，这块岩石未必是地球上最古老的岩石。到了 20 世纪 60 年代，科学家测定取自月球表面的岩石标本，发现月球的年龄在 44 亿～46 亿年，基于地球月球同时形成的假说，提出地球有 44 亿～46 亿年的历史。后来，更多的陨石年龄限定地球的年龄约

46 亿年。

我们生活在地球上，于是大家就把我们生活的地球叫"地球村"，把我们自己称为"地球人"。地球人不了解地球村是不行的，因此了解地球是个什么样的星球，它是怎么形成的，它是否还会变化，变老？它是否也有生命的终结呢？作为地球人，我们应该为地球村做什么？这些问题非常基础，也非常有科学内涵。

"地球村"这个词是近几年来红火起来的。这个词特别好。世界变小了，是因为交通发达了，科技迅速发展，缩小了地球的时空距离，所以大家就觉得世界各地像在一个村子里一样。地球给人类提供了空间和条件来生存，人类也必须依靠地球来生存。我们也可以概括地说，地球与人类有三大依存关系。第一是地球给人类提供了生存的空间和环境。第二是它给人提供了必需的自然资源（三大资源）——矿产资源、能源资源和水资源。现在很多人还提到四大资源，把空气也算成是资源。第三是地球提供人类生存条件的同时也给人类带来自然灾害，地震、暴雨、冰冻、火山喷发等都属于自然灾害。自然灾害是地球生命中的自然现象，人们不能杜绝它，但可以更好地认识它，并尽量减少损失。也有些灾害是人类生活本身引发和加剧的，如过载地用水和能源与矿产资源，生产活动和生活消费造成空气、水的污染等。对于人类来讲，地球既付出又被消耗，而我们只有一个地球村，这就引出了人地关系这个极为重要的科学命题。

地球有生死吗？它的归宿是什么？了解和认识地球是地球人应有的"学前知识"。地球有多大年纪了？它是怎样形成的？地球有哪些基本特性？地球会随时间变化吗？会老吗？会死吗？它还能活多久？地球形成的时代非常漫长，从有地球的记录到现在，有大约 46 亿年。也就是说地球现在是 46 亿岁。46 亿岁的地球处在壮年期。为什么这样说呢？科学家通过地球物质的放射性同位素计算，当放射性物质的能量耗尽，还需要大约 46 亿年，所以地球是处于它的生命的中期。但是并不是地球一形成就适合生命生存，那时还没有适合生命的条件，如温度、空气、水等。根据古生物学家的研究，大约在 5.4 亿年前，地球上的生命都还有限，大多是一些细菌和微生物。从 5.4 亿年起，地球上发现的生命化石才开始丰富多彩，所以 5.4 亿年之后到现在，称为显生宙。之前的地质时代可以分为冥古宙（46 亿~38 亿年）、太古宙（38 亿~25 亿年）和元古宙（25 亿~5.4 亿年），统称为前寒武纪。生命是在不断演化的，从初级到高级，一直演化到人类。生命的演化告诉我们，早期的地球和现在有差别，它不适合生命。后来的演化有了水圈和大气圈，慢慢成为人类也能生存的地球环境。

当今的地球还会变化吗？当然。地球本身也是有生命的。地球的生命的表现就是它是运动的。一旦地球的运动停止，地球就死亡了。"运动的地球"首先指地球内部是有能量的，岩浆作用是在地质演化过程中相当精彩的地质运动。此外，地壳也不是铁板一块，它们除了地理概念的大洋和大陆之外，还分成很多块，我们称为板块，这些板块之间是由很深的达到地幔深度的断层分割，它们之间还有横向的运动，互相撞击。这些运动在地表造成地震和各种地质灾害。水圈和大气圈的参与，形成包括气候灾害在内的各种自然灾害，气候灾害加剧了滑坡、泥石流等地质灾害，组合成新的复合型自然灾害。在不同板块的边缘，地壳和地幔的相互作用使得山变成海，海变成山，即沧海变桑田、桑田变沧海的巨大变迁。例如，8000米以上的珠穆朗玛峰顶就有海相的石灰岩和水生动物化石，说明原来的海底现在抬升到山顶。中国人自古就认识到海陆变迁，有麻姑献寿、不周怒触不周山等各种神话传说。麻姑作为一个接待官，"自说云，接待以来，已见东海三为桑田"葛洪《神仙传·麻姑》。天圆地圆和运动的地球，很简单明了地表现了地球的基本结构和运动的本能。运动是地球有生命的象征，内部能量是地球运动的根源。有些人希望地球没有地震，但如果没有地震就说明地球停止了运动，停止运动就说明地球没有了能量，地球也就死亡了。2011 年 3 月 11 日的日本地震就是太平洋板块与欧亚板块相互运动的结果。

运动的地球还有更深的含义，即由生到死的过程。地球是太阳系的一个星球。宇宙、太阳系是怎样形成的，人们知之甚少。地球的最初形成也有很多假说和争论。我们假设地球最初还没有大陆。最初的大陆物质组成陆核，之后陆壳慢慢增大。25 亿年前的大陆和现在的大陆大小相似，而后在 23 亿～21 亿年前后，大气圈高度氧化，逐渐适合生命存在。埃塞俄比亚的南方古猿大约生活在 300 万年以前，而坦桑尼亚的能人生活在约 190 万年前。我国元谋的直立人生活在约 170 万年前。有明确记录的人类文化不外乎 8000 年。因此地球演化到人类的时间在地球历史上是非常短暂的。地球的演化是一个温度逐渐变低的过程，即地球本身的能量在消耗过程基本是单向的，越来越冷反映了能量的不断消耗过程。月球是离地球最近的星球，人们一般认为它和地球有很多成因与演化的联系。嫦娥五号获取的最新岩石样本表明月球在 20 亿年前仍在运动，但现在月球已经死亡，没有能量，非常寒冷。没有大气圈的保护，月球上面布满了陨石撞击的陨石坑。月球的归宿也将是地球的归宿。所以地球不会越来越热直到爆炸。我小时候曾听说地球将来要爆炸，非常害怕。现在明白，地球 40 多亿年后将会冷却死掉。但是地球死亡的时限不代表人类适合在地球生存的时限。最近有科学家推测，地球适合人类生存的时间还可延续十几亿年，也就是水、气、温度都适合人类生存的时间。不管这些推测合理与否，地球不会因为吝惜人类就不死亡，也不受何人控制而延长寿命。地球终有一天会不适宜人类生存。然而，我们也大不可杞人忧天（一个杞国人，天天害怕天塌下来，终归吓死自己）。人类在地球生存的历史上，按时间算仅仅是弹指一间，相信人类的智慧，会在宇宙中存活下来。很多亿年以后的事，不必"现人忧地"。

主要参考文献

曹天元 . 2013. 上帝掷骰子吗 . 北京：北京联合出版公司 .

陈颙，王宝善，姚华建 . 2017. 大陆地壳结构的气枪震源探测及其应用 . 中国科学：
  地球科学，24：297.

路甬祥 . 2012. 魏格纳等给我们的启示——纪念大陆漂移学说发表一百周年 . 科学
  中国人，17：13-21.

小本杰明·富兰克林·豪厄尔 . 1998. 地震学史 . 柳百琪译 . 北京：地震出版社 .

赵文津 . 2009. 大陆漂移，板块构造，地质力学 . 地球学报，30（6）:717-731.

Bernal. 1936. Hypothesis on the 20° Discontinuity. Observatory, 59: 268.

Bolt A B. 1993. Earthquakes and geological discovery. In: Freeman W H & Co. First
  Edition edition.

Bolt B A. 地震九讲 . 马杏垣，等译 . 北京：地震出版社 .

Boni W E, Bonini R R.1986. Andrija Mohorovičić Seventy Years Ago an Earthquake
  Shook Zagreb: His Analysis Resulted in a Fundamental Discovery. In: Stewart
  Gillmor C. History of Geophysics.

Byerly P. 1926. The Montana earthquake of June 28, 1925. Bull. Seismol. Soc. Amer,
  16（4）: 209-265.

Chao B F .2013. Renaming D double prime. Eos Transactions American Geophysical
  Union, 81(5):46.

Frank B J. 1988. Hisgory of seismology.

French SW, Romanowica B. 2015. Broad plumes rooted at the base of the Earth's mantle beneath major hotspots.Nature, 525(7567): 95-99. doi:10.1038/nature147876.

Fu D, Tong G, Dai T, et al. 2019. The Qingjiang biota—A Burgess Shale-type fossil Lagerstätte from the early Cambrian of South China. Science, 363（6433）: 1338-1342.

Global Seismographic Network, GSN, IRIS.

Hirose K, Lay T, 2008. Discovery of post-perovskite and new views on the core-mantle boundary region. Elements, 4: 184-189.

Howell B F. 1990. An Introduction to Seismological Research: History and Development. Cambridge: Cambridge University Press.

Inge Lehmann. Famous Scientists. http://www.famousscientists.org/inge-lehmann[2019-06-27].

Jeanloz R, Lay T. 1993. The core-mantle boundary. Scientific American, 48-55.

Lowrie W. 2007. Fundamentals of Geophysics.2nd edition. Cambridge:Cambridge University Press.

Lowrie W . 2007. Fundamentals of Geophysics. Proceedings of the National Academy of Sciences of the United States of America, 23(8):368.

Lyons T W, Reinhard C T, Planavsky N J. 2014. The rise of oxygen in Earth's early ocean and atmosphere. Nature, 506, 307-315.

Peter B. 2012. New manual of seismological observatory practice(NMSOP-2). Potsdam: Deutsches GeoForschungszentrum GFZ.

Pineda P, Reddy V. 2013. Managing seismic risk in ancient structures: coupled variables under numerical and experimental approach. International Journal of Earth Sciences and Engineering, 9: 15-25.

Prodehl C, Kennett B, Artemieva I M, et al. 2013. 100 years of seismic research on the Moho. Tectonophysics, 609: 9-44.

Schubert G. 2015. Treatise on Geophysics, Treatise.2nd edition. Elsevier Publisher, volume 1, Seismology and the Structure of the Earth.http://dx.doi.org/10.1016/B978-0-444-53802-4.00001-4

Shapiro N M, Campillo M, Stehly L, et al. 2005. High-resolution surface-wave tomography from ambient seismic noise. Science, 307（5715）: 1615-1618.

Tian D D, Wen L X. 2017. Seismological evidence for a localized mushy zone at the Earth's inner core boundary. Nature Communication, 8:165.

Valley J W, Cavosie A J, Ushikubo T, et al. 2014. Hadean age for a post-magma-ocean zirconconfirmed by atom-probe tomography. Nature Geoscience, 7: 219-223.

Zeilinga de Boer J, Sanders D T. 2005. Earthquakes in Human History. Princeton and Oxford: Princeton University Press.

Zhang L, Li J, Wang T, et al. 2020. Body waves retrieved from noise cross - correlation reveal lower mantle scatterers beneath the Northwest Pacific subduction zone. Geophysical Research Letters, 47, e2020GL088846. https://doi.org/10.1029/2020GL088846.